예비건축주를 위한

건축사 사용설명서

예비건축주를 위한

건축사 사용설명서

펴낸날 2023년 2월 3일

지은이 양성필
펴낸이 주계수 | **편집책임** 이슬기 | **꾸민이** 김소은

펴낸곳 밥북 | **출판등록** 제 2014-000085 호
주소 서울시 마포구 양화로7길 47 상훈빌딩 2층
전화 02-6925-0370 | **팩스** 02-6925-0380
홈페이지 www.bobbook.co.kr | **이메일** bobbook@hanmail.net

© 양성필, 2023.
ISBN 979-11-5858-918-9 (03540)

예비건축주를 위한

건축사 사용설명서

양성필

들어가며

누구에게나 가족들이 함께 살아갈 집을 짓는다는 것은 참으로 가슴이 설레는 일이다. 건축사들도 많은 집을 설계해 보지만 경험하지 않고는 그 설렘을 느끼기 어렵다. 건축사인 필자는 운이 좋게도 가족이 함께할 집을 직접 구상하고 지어본 적이 있다. 그래서 그 설렘을 조금은 이해할 것 같다.

집을 구상하기 위한 많은 글이 대개 건축학도 혹은 건축사의 입장에서 작성되었다. 하지만 건축설계를 직업으로 하는 필자의 경험으로는 건축사뿐만 아니라 건축사를 만나 집을 짓고자 하는 예비건축주에게도 건축설계를 위한 기초지식이 필요하다는 것을 절감한다. 특히 다른 일반 건축물이 아닌 가족과 함께 생활하기 위한 살림집을 지으려는 경우에는 더욱 그렇다.

이 글은 건축학도나 건축관련자를 위한 것이 아니라, 건축에는 전혀 문외한이면서 살림집을 짓고자 마음먹은 예비건축주들을 위하여 작성된 것이다. 그렇다고 해서 예비건축주에게 직접 도면을 그릴 수 있는 방법을 알려주거나 도면을 이해할 수 있는 요령까지도 알려주는 그런 기술서도 역시 아니다. 도면을 그리는 것은 건축사가 할 일이고, 도면을 이해하는 것은 차차 설계에 참여하면서 건축사에게 물어서 익히면 될 일이다.

이 글은 그렇게 직접 설계하기 위한 것이 아니라 건축사에게 적절히 자신이 원하는 집을 요구할 수 있도록 준비하기 위한 것이다. 그러한 요구를 하기 위해서 무엇을 어떻게 준비해야 할지를 미리 알고 준비한다면 건축사의 설계과정에 동참하는 마음으로 자기의 집을 구상할 수 있을 것이다. 이 글은 그렇게 자신의 집을 지어보려고 마음먹고 건축사를 찾아가려는 이들에게 들려주고 싶은 이야기들을 적어본 것이다.

목차

2부

건축
설계
과정
(계획설계)

3부

좋은 집

1부

설계를 시작하기 전에

01

건축사를 만나러 간다

　　일생을 살아가면서 가족과 함께할 집을 직접 지어보겠
다고 결심하는 순간이 몇 번이나 올까? 자수성가自手成家
라는 말이 있듯이 우리에게 집을 짓는다는 것은 일생에서
매우 큰 의미가 있는 사건이다. 게다가 살아가는 공간이

도시화 되면서 부동산의 가격이 오르고 단독주택을 지어서 산다는 것이 점점 어렵게만 느껴진다. 아마 내 마음에 드는 단독주택을 지어서 살아보자는 결심을 하게 되는 일이 일생에 한 번 있을까 말까 할 것이다. 그만큼 대단하고 가슴 설레는 일이기도 하다.

집을 짓겠다고 결심하기까지 혼자 고민하는 시간도 적지 않았을 것이고 가족회의도 여러 번 하였을 것이다. 아마 주변에 집을 지어보았다는 친구들이나 친척에게 자문을 구해보기도 하였을 것이다. 어쩌면 동네목수라는 분을 혹은 인테리어 하신다는 분을 만나서 의논해보았을지도 모른다. 그러고 나서는 생각보다 돈이 많이 든다는 생각에 모자란 자금을 구하기 위해 은행 문턱을 들락날락거렸을지도 모른다.

대개는 그러는 과정을 거치고 나서 집을 지어도 좋을지 어떨지를 확인하려고 최종적으로 찾아보는 사람이 건축사이다. 필자는 직업이 건축사이다. 우스갯소리지만 그래서 필자는 집을 짓기 위해서 건축사를 찾아가 본 적은 없다. 그런데 다른 한편으로는 건축사가 무엇하는 사람인지를 사람들이 짐작은 하고 있을까 하는 생각을 해보기도 한다. 필자가 생각하는 건축사와 집을 지으려는 예비건축주가 생각하는 건축사가 종종 다르게 느껴질 때가 있다.

저는 집을지어줄 사람이 필요한데, 건축사는 집을 그리기만 하시나요?

끙~

아직까지도 종종 상담하면서 듣는 이야기가 집을 짓지는 않느냐는 질문이다. 건축사는 집을 짓지는 않고 그리기만 한다. 정작 건축주가 원하는 것은 그림이 아니라 실제 지어진 집을 원하는 것이다. 건축사가 그려주지 않아도 집이 지어진다면 굳이 건축사의 도면이 건축주에게는 필요한 것이 아니다.

이럴 때 건축사는 뭐라고 해야 할까? 도면 없이는 집을 지을 수 없다고 해야 할 것이다. 아, 정말 그럴까? 그건 그냥 건축사라는 직업을 지키기 위한 변명이 아닐까? 도면 없이도 집을 짓던 시절이 있었는데. 그림만 그리는 건축사는 집을 짓는 데 왜 필요할까?

02

건축사

필자의 직업은 건축사이다. 건축사는 건축주를 도와서 건축물을 구상하고 도면으로 표현하는 일을 주 업무로 하는 사람이다. 아마 누구든지 한가지의 직업에 20년 이상 종사하였다면 그 분야에서는 전문가라고 자부심을 가져도 되지 않을까 생각해본다.

하지만 여전히 집을 지어보겠다고 찾아오는 건축주를 만나고 상담하는 일이 조심스럽고 두려운 것은 왜일까? 그것은 도면을 그리는 작업이 어려워서 그런 것이 아니라

좋은 집을 구상한다는 것이 묘한 감정선을 다루고 있는 분야라서 그런 것이 아닐까?

집을 짓는 것과 그것을 구상하는 것은 다르다. 분명한 확신이 없이는 집을 짓기로 하고 실천하기는 어렵다. 집을 짓기 위해서 시공자를 만나서 공사계약을 하는 순간 엄청나게 많은 비용이 들어가기 시작한다. 그러다가 뭔가 판단을 잘못했다는 생각에 주방의 위치를 바꾸자고 말하는 순간 예상 이상의 추가공사비를 요구받게 되면서 머릿속이 하얘진다.

설계를 한다는 것은 이렇게 집을 짓기 위해 실천하는 과정에서의 오류를 줄이기 위한 것이다. 집을 짓는 과정에서의 수정이라는 것은 그림을 그렸다가 지우는 것과는 전혀 다르다. 사전에 잘 짜인 계획이 없이 집을 짓는 것은 엄청난 부가비용이 발생한다. 마치 이사를 하면서 물건을 어디에 둘지 미리 생각하지 않고 마구 집어넣고 나면 몇 날 며칠을 정리해도 잘 안 되는 것과 같다. 설계를 한다는 것은 이사 들어가기 전에 어디에 어떤 물건을 놓을지를 미리 고민하는 것과 같은 과정이다.

건축사는 그런 일을 한다. 집을 짓기 위해서 시공자와

공사계약을 하기 전에 미리 어떤 집을 지을지를 의논하고 그것을 도면화하는 일을 한다. 그것을 가지고 시공자는 얼마에 그 집을 지을 수 있는지를 판단하고 공사계약을 할 수 있는 것이다.

왜 집을 짓는 시공자와 집을 구상하는 건축사가 업무를 나누어서 하게 된 것일까? 우리나라에서 건축사라는 직업이 생긴 것은 1965년 1회 건축사 시험이 국가고시로 치러지면서부터이다. 직업으로서의 건축사는 그리 오래되지 않았다. 일반적인 살림집을 짓는 현장에서 시공자와 건축사가 서로 역할을 나누어서 하게 된 것도 그리 오래된 일이 아닌 것이다.

지금은 대학 건축과에서도 디자인학과와 공학과를 구분하여 수업한다. 건축사와 시공자가 나뉘는 것은 단순히 제도적인 문제가 아니다. 실제로 두 개의 분야는 건축이라는 하나의 분야 안에서 통합되는 것이 아니다. 시공자 즉, 엔지니어가 고민하는 건축에서의 과제와 건축사 즉, 설계자가 고민하는 건축에서의 과제는 매우 다르다.

건축사가 고민하는 건축에서의 과제는 삶의 질과 관계된 부분이다. 그리고 미학과 취향의 문제와도 관계가 있다. 거창하게는 건축의 사회적인 영향에 대해서도 고민하는 것도 그들의 과제이다_{아마 너무 거창하게 포장한다고 하시는 분들이 있을 것이다. 하지만 실제로 건축사들은 종종 건축의 사회적인 역할에 대해서 토론한다}.

결국, 건축사의 역할은 집을 짓기 전에 어떻게 하면 좋은 집이 될 수 있는지를 고민하고 그것을 도면으로 그리는 사람이다. 그런데 건축사가 생각하는 좋은 집이 반드시 건축주에게도 좋은 집일 수는 없다. 그래서 아무리 건축사가 능력 있다고 해도 건축주는 불안하다. 건축사 역시 건축주가 자신의 디자인을 받아들이지 않을까 봐 불안하다. 그 불안감을 없애는 길은 집을 주제로 대화를 자주 하는 방법밖에 없다.

03

마음속의 집

사람들은 의뢰만 하면 자신이 원하는 집을 건축사가 알아서 해주기를 바랄지도 모른다. 하지만 점쟁이도 아닌 건축사가 건축주의 마음에 쏙 드는 그런 집을 알아서 설계할 수는 없다. 그런 기대는 애초에 안 하는 게 좋다. 다만 건축주가 자신이 원하는 집이 어떤 집인지를 잘 설명

해준다면 건축사는 그 요청을 바탕으로 집을 그려보기 시작할 것이다.

건축사가 기대하는 좋은 건축주는 어떤 사람일까? 건축사를 믿고 알아서 설계해달라고 디자인에 대한 모든 권한을 위임해주는 그런 사람일까? 그런 건축주는 거의 없기도 하지만 필자는 그렇게 건축사를 전적으로 믿고 권한을 위임하는 건축주를 좋은 건축주라고 생각하지는 않는다.

필자가 생각하는 좋은 건축주는 자신이 어떤 집을 원하는지 분명하게 말을 할 수 있는 사람이다. 하지만 아침저녁으로 생각이 바뀌는 것도 사람인지라 자신이 무엇을 원하는지 단정적으로 말할 수 있는 건축주는 거의 없다. 그것을

기대하는 것은 아니다. 다만 이제 자기가 원하는 집이 어떤 모습이 될지 관심을 가지고 건축사와 토론할 마음의 준비를 해야 할 것이다.

마음의 집을 그려보는 것은 건축사도 마찬가지다. 대부분 건축사들은 유명 작가의 디자인에 감탄하면서 그것을 언젠가는 흉내라도 내보겠다고 결심하던 시절이 있었을 것이고, 때로는 불가능한 사차원의 공간을 상상하면서 도면으로 그리다가 생각대로 안 되어서 낙담하기도 하였을 것이다. 필자도 학창시절 미국의 위대한 근대건축가 프랭크 로이드 라이트의 '낙수장'이라고 번역되어 불리던 멋진 건축물을 보면서 제주의 돈내코 계곡에 저 모습과 똑같이 설계해 보고 싶다는 생각을 했었다. 지금 생각해보면 제주

'FALLING WATER'

DESIGNED BY
FRANK LLOYD WLIGHT

자연을 파괴하는 행위일 듯해서 프랭크로이드 라이트가 살아 돌아온다고 해도 말리고 싶어진다. 그렇게 상상하던 집을 구체화하는 과정은 누구에게나 쉬운 일이 아니다.

집을 구상하면서 매번 갈등에 빠지게 되는 것은 이러한 마음에 쏙 드는 그런 집을 위한 선택의 과정이 건축사에게도 건축주에게도 쉽지 않다는 것이다. 아마 지금 당장에 서로 박수를 치면서 정말 마음에 든다고 했던 그 디자인이 내일 아침에는 영 마음에 안 들지도 모른다. 아니 내일 아침이 아니라 집을 다 짓고 나서야 이렇게 하지 말 것을 하고 후회하게 될지도 모른다.

영원히 후회하지 않을 선택이야말로 꿈같은 이야기일 것이다. 하지만 후회를 줄일 수 있는 그런 노력은 할 수 있을 것이다. 정말 열심히 노력했는데도 후회되는 선택을 했다면 그건 스스로에게 덜 미안할 것이다. 그렇게 덜 미안할 수 있는 방법은 무엇일까?

04

건축사와의 대화를 위한 준비

이제 건축사를 만나면 무엇을 물어봐야 할지 고민해야할 때이다. 그런데 건축사를 만나보면 질문을 하기보다는 훨씬 많은 질문을 받게 될지도 모른다. 어떤 공간과 어떤 색깔을 좋아하는지 그리고 특별한 취미생활은 무엇을 즐기는지 등 많은 것들이 그의 집을 설계하기 위해 알아야할 내용들이다.

오해는 하지 마시라. 질문을 많이 하는 건축사는 건축주의 마음속에 있는 집에 관심이 있는 것이다. 그 집을 찾아가기 위해 체크해야 할 내용들을 물어보는 것이다. 건축사의 질문에 건축주 역시 적극적으로 자신이 원하는 집에 대해서 이야기를 해 주어야 한다.

살림집을 설계하기 위해서 처음에 건축사에게 기본적으로 알려주어야 할 내용을 적어본다.

1. **용도에 관한 것**: 주거용도 이외에 필요한 창고나 임대시설이나, 혹은 직접 운영하려고 하는 영업시설근린생활시설이나, 특별한 취미를 위한 공간들연주실, 취미공방 등이 필요한지.

2. **규모에 관한 것**: 전체 면적과 관련된 대략적인 판단. 우선은 어떤 용도로 어느 정도의 면적이 필요한지를 기본으로 제시해보자. 법적인 면적 제한이 어떻게 되는지, 그리고 투입 가능한 공사비와 건축물의 질을 고려할 때 적절한 규모가 어떻게 될지는 건축사

와의 논의를 통해서 판단되어야 할 것이다.

3. **기타 건축행위에 지장이 있을 것으로 파악된 내용:** 집
   을 지으려고 준비하는 과정에서 알게 된 예상되는
   문제들이 있다면 정리해서 알려주는 것이 좋겠다.
   물론 건축사도 따로 확인해야 할 내용이지만 건축
   주가 알게 된 내용들을 전해주는 것이 다음의 진행
   을 원활하게 하기 위해 필요할 것이다.

첫 만남에서 건축사에게 구체적인 디자인에 대해서 토
론할 필요는 없다. 건축사와의 첫 만남에서는 건축이 가
능한지를 들어보는 정도의 수준이 적당하다. 과속하지 말
고 차분하게 원하는 집의 규모와 용도 그리고 건축에 투
입할 수 있는 비용을 중심으로 대화를 시작하는 게 좋겠
다. 가끔은 토지의 지번을 말하지 않고 건축상담을 하려
는 분들이 있다. 대놓고 말하자면 무례한 행동이다. 최소
한 건축할 대지의 지번을 알아야 그에 따른 기본적인 규
정을 확인할 수 있다.

첫 만남에서는 집을 지으려는 스스로의 판단에 어떤

문제가 있는지 기획에서의 문제를 토론하고 전체적인 일
정과 설계의 진행방법은 어떻게 되는지 하는 전반적인 계
획에 대해서 대화하는 것만으로도 충분하다.

　첫 만남에서 건물의 배치를 물어보기도 하고 더 나가
서 현관이 어느 쪽이 좋을지를 물어보시는 분들이 있다.
너무 나가신 거다.

05

기본용어

대화는 그 자체가 중요한 설계방법이다. 하지만 집에 관하여 대화를 하는 데에도 사전 지식이 필요하다. 살림집을 주제로 대화를 하기 위해서는 건축면적, 바닥면적과 같은 건축법과 관련한 용어에도 익숙해야 할 필요가 있고, '공간'이나 '조망'과 같이 일상에서는 별로 쓰지 않았던 디자인 용어에도 익숙할 필요가 있다. 모두를 언급할 필요는 없겠지만, 그중에 가장 기본적인 용어에 대해서는 미리 알아두자.

건물을 지면에 안정적으로 세우기 위해서는 가장 하부에는 기초를 만들게 된다. 건물의 구조체에서 가장 중요한 부분으로 신체에 비유하면 땅을 딛고 설 수 있는 발과 같은 역할이다. 기초에서 중요한 것은 기초를 설치하는 위치가 최소한 원지반 이하이어야 한다는 것이다. 건물을 튼튼하게 설계하는 것은 구조기술자와 건축사의 판단으

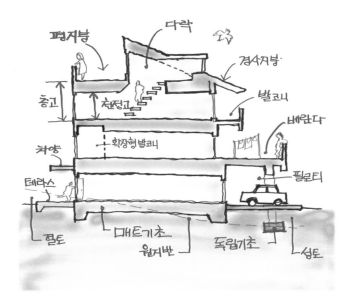

로 가능하지만, 건물을 받치는 지반이 약하면 아무리 튼튼한 건물도 균열이 생기는 것을 막기 어렵다. 그래서 기초를 설치하는 위치가 중요하다.

보통 혼동하는 대표적인 용어로 테라스, 발코니, 노대, 베란다와 같은 게 있다. 그림을 보면서 이해하는 것이 좋겠다. 바닥면적의 적용 여부를 판단하는 용어이기도 해서 자주 접하게 될 것이다.

테라스는 집의 외부에 지반에 면해서 설치되는 바닥면이 있는 공간을 말한다. 대개 면적에서 제외되는 공간이

긴 하지만 지붕이 설치되는 경우에는 바닥면적에 산입되는 경우도 있으니 확인해야 한다.

발코니는 2층 이상의 건물 외벽에 돌출되어 사용할 수 있는 외부공간으로 규정에 맞을 경우에는 바닥면적에서 제외될 수 있는 공간이다. 이를 실내공간으로 만들어 확장형 발코니로 사용하는 것이 주거 용도에서는 가능하다.

노대는 차양이라고 하며 캐노피라고도 하는데, 그늘이나 비 가림을 목적으로 외벽에 돌출된 구조물로 사람이 이용할 수는 없는 시설이다. 지붕의 경우에는 처마라고 할 수 있는데 기본적으로 바닥면적에는 포함하지 않으나 크기에 따라서 건축면적에는 포함될 수도 있다.

천정고는 실내의 바닥에서 천정까지의 높이이며, 층고는 아래층 슬래브와 위층 슬래브에 이르는 높이이다. 대부분의 법적인 규제는 층고를 기준으로 이야기된다. 특히 다락의 높이규정은 가중평균한 높이로 따지는데 그 기준을 구조체를 기준으로 한다.

이 외에도 일상에서는 쓰지 않는 용어들이 있을 수 있는데 이제 살림집을 설계하기 위한 대화를 위해서 차츰 익혀두어야 할 것이다.

06

건축이 가능하려면

어떤 땅이든 집을 짓기 위해서는 반드시 도로에 접해야 한다. 도로에 접하지 않은 땅을 맹지라고 하는데 맹지에는 건축을 할 수 없다. 땅이 도로에 접해야 하는 이유는 도로를 통해서만 그 땅으로 출입이 가능하기 때문이다. 남의 땅을 통해서 출입하는 것으로는 법적인 권리를

행사할 수 없다.

또 도로에 접해 있다고 해서 무작정 집을 지을 수 있는 것이 아니다. 모든 땅에는 국토이용계획에 의한 성격을 규정해 놓는다. 우리가 도시니 시골이니 하는 말을 하는 것처럼 땅에도 도시지역과 비도시지역이 있다. 특히 비도시지역의 경우에는 건축이 불가능하거나 규제가 많은 경우가 있다.

토지이용계획확인원을 보면 통상 관리지역이라고 적혀 있는 곳이 비도시지역이다. 비도시지역에는 상·하수와 같은 기반시설이 갖추어지지 않은 곳이 많기 때문에 이로 인해 건축이 불가하거나 곤란한 곳이 있을 수 있다.

사소한 것처럼 보이지만 기반시설의 가능 여부는 집을 짓는데 아주 기본적인 요건이다. 도시에서만 생활하다가 시골에 가서 살아보려고 하는 사람 중에는 도로 아래에 깔려있는 상하수도와 같은 기반시설의 필요성을 잘 모르고 경치만 보고 땅을 샀다가 낭패를 보기도 한다.

그러면 내 땅의 건축 가능 여부는 어떻게 확인할까? 이미 자기 소유의 땅이라고 한다면 바로 건축사에게 확인해 달라고 요청하여도 된다. 아직 집을 지을 계획이 구체적이지 않다면 그 땅이 속한 관청의 건축과에 먼저 문의를 하고 다음으로는 반드시 하수과에 문의해 보는 것이 좋다.

만약 아직 땅을 구입하지 않은 상태에서 확인하려고 하는 것이라면 조금 상황이 다르다. 이는 큰 비용을 들여서 투자하려는 것이기 때문에 더 신중을 기해야 한다. 물론 기본적인 내용을 공인중개사와 토지주를 통해서 먼저 확인하는 것이 순서이다. 그다음에는 반드시 건축과와 하수과에 직접 방문해서 상담하기 바란다. 관공서에 가서 상담할 때는 건축물의 예상 용도와 규모를 정해서 상담해야 명확한 답변을 들을 수 있다.

그리고 난 후에 건축사와 상담을 해보기 바란다. 특히 주변보다 시세가 많이 낮을 경우에는 여러 가지 규제가 따르는 경우가 많이 있을 수 있다. 문화재와 경관, 환경보전 등 건축을 제한하는 다양한 규정들은 건축과와 하수과 담당이 쉽게 답할 수 없는 내용인 경우가 많다. 건축사 역시 그런 경우에는 해당 부서를 찾아다니면서 확인해야 한다. 어쩔 수 없이 발품을 팔아야 한다.

십수만 원의 가방을 구입할 때도 조금이라도 싸고 좋

은 것을 사기 위해서 이리저리 매장을 돌아다니는 게 당연하듯 수천만 원의 비용이 요구되는 토지를 구입할 때는 그 이상의 발품을 팔아야 한다. 머릿속으로 되뇌어보자. '돌다리도 두드려보고 건너라고 했는데.'

07

건축물의 용도

모든 건축물에는 용도가 있다. 건축허가를 받기 위해서
는 건축물의 용도를 미리 지정하게 되어있으며 토지가 속
한 지역에 따라 용도를 제한받기도 한다. 주변에서 가장
많이 접하는 건축물의 용도로 '근린생활시설'이 있다. 거주
지 주변에서 접할 수 있는 소규모 상업시설로 소매점, 미

용실, 학원, 휴게음식점 등이 근린생활시설에 해당한다. 대화할 때는 줄여서 근생이라고 말하기도 한다.

사람들이 생활하는 주택의 경우에도 단독주택과 공동주택으로 용도를 구분하고 있다. 여기서는 주로 살림집을 준비하는 독자를 위한 것이므로 단독주택에 대해서만 언급해본다.

단독주택은 건물주가 1인이거나 공동으로 소유하는 형태의 살림집을 말한다. 단독주택은 세부적으로 1가구만으로 구성된 단독주택*과 여러 가구로 구성되어 임대할 수 있도록 한 다가구주택으로 구분된다. 그 외로 다중주택도 있으나 여기서는 설명을 생략하겠다.

공동주택은 한 건물에 여러 가구가 제각기 소유할 수 있도록 한 살림집을 말한다. 소위 분양한다는 것이 그런 의미이다. 다세대주택, 연립주택, 아파트가 대표적이다. 건물의 주인이 여럿이어도 공동으로 소유하는 것이 아니라 제각기 자신이 소유하는 공간이 나누어져 있는 경우이다. 다만 엘리베이터와 계단 그리고 토지 등은 공동재산이 되

---

* 큰 분류의 단독주택과 구분하여 순수단독주택이라고 말하기도 한다.

어 이를 관리하기 위해 관리비가 발생한다.

자기가 지으려는 건축물이 어떤 용도로 쓰일 것인지는 건축사를 만나기 전에 미리 결정하는 게 좋다. 차후에 소개하겠지만 그것이 기획의 과정이다. 용도에 따른 법적인 제약이 어떻게 되는지는 나중에 건축사의 도움을 받아서 확인하면 된다.

형태는 비슷해도 용도가 다른 다가구주택과 다세대주택은 법 적용이 다르다. 모든 건축물은 용도에 따라서 주차대수의 산정, 오수량의 산정, 대지 안의 공지, 각종 세금의 부과 등 규정의 적용이 다르다. 용도를 먼저 정해야 다음 단계로 건축 가능성, 규모 등이 검토가 가능한 이유이다.

계획이란 아직 일어나지 않은 일을 대비한 것이다. 특히 자금이나 개인적인 이유로 1차 공사를 적당히 하고 차후에 증축을 할 계획을 가지고 있다면 반드시 그 생각까지 건축사에게 말하고 합리적인 방안을 미리 세우는 게 좋다. 신축을 하는 경우와 증·개축을 하는 경우에 법 적용이 다르기도 하거니와 기술적으로도 미리 고려해야 할 내용이 있을 수 있다.

건물이 완공되기 전에 임대계약을 먼저 하는 경우도 있다. 건축허가는 소매점으로 받았는데 임대계약은 덜컥 휴게음식점으로 계약하고는 나중에 용도변경이 안 될까 봐 걱정한다. 그러한 변수는 미리 챙겨두는 게 좋다. 계획은 바뀔 수 있는 것이니까, 변경 가능한 용도를 먼저 체크해보자.

08

건폐율과 용적률

　재력이 된다고 해서 건축물을 무한정 크게 지을 수는 없다. 건축물의 규모를 제한하는 것은 도시환경을 적정하게 유지하고 보호하기 위한 수단이다. 건축물의 규모를 제한하는 가장 기본적인 규정으로 건폐율과 용적률을 제한하는 규정이 있다. 이는 건물의 규모를 대지의 면적을 기준으로 제한하는 것이다. 건폐율과 용적률은 토지이용 계획상의 지역에 따라서 적용기준이 다르므로 '토지이용

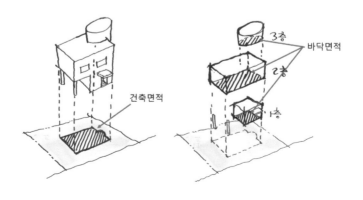

계획확인원'을 통해서 내 땅이 어느 지역에 해당하는지를 확인해야 한다.

　건폐율은 대지의 일정 규모 이상의 공지를 확보하도록 하기 위한 것으로 하늘에서 대지를 내려다보았을 때 건물이 대지에 차지하는 면적인 건축면적을 제한하는 것이다. 용적률은 지상에서 건물이 차지하는 부피를 제한하기 위한 것이다.

　건물의 실내에 사용할 수 있는 면적을 바닥면적이라고 하며, 모든 층의 바닥면적을 합친 것을 연면적이라고 한다. 그중에 특별히 지상층의 연면적만을 대지면적의 비율로 계산한 것이 용적률이다.

　예를 들어 계획관리지역인 경우에는 건폐율이 40% 이고 용적율이 80%인데, 내 토지가 그 지역에 속한다면 100제곱미터의 대지인 경우에 건물은 최대 건축면적을 40제곱미터까지 할 수 있고, 최대 지상층 연면적은 80제곱미터까지 할 수 있다는 의미이다. 건폐율과 용적률의 기준은 지자체마다 조례로 달리 규정하고 있으므로 대지가 속한 지자체에 기준을 확인해야 한다.

　연면적은 각 층의 바닥면적을 합한 것인데 이를 계산하

기 위해서는 바닥면적에 제외되는 항목에 대해서 알고 있어야 한다. 일반적으로는 필로티 구조로 되어있는 주차장, 옥상이나 지하에 있는 물탱크실, 발코니와 다락 등이 면적에서 제외될 수 있는 공간들이다. 역시 구체적인 확인은 건축사의 도움이 필요하다.

면적에서 제외되는 항목을 알고 있는 것은 제한된 법적 규제안에서 유용한 실내공간을 활용할 수 있는 방법이 되기 때문이다. 이는 불법이 아니라 법 규정을 이해하고 그에 맞추어 활용하는 것이기 때문에 미리 알고 있다면 효율적인 공간계획에 도움이 된다.

건축법에서 바닥면적은 기둥 혹은 벽체로 둘러싸인 부분을 면적으로 산입한다. 면적은 건축물의 규모산정의 기준이 되기도 하지만 건물의 거래에서도 기준이 될 수 있고 재산세 등의 과세에서도 기준이 되기 때문에 민감한 부분일 수 있다. 그래서 종종 면적에 산정되는 부분인지 제외될 수 있는 부분인지 법규의 해석이 건축사와 담당 공무원과 의견이 다를 경우에는 긴 시간을 두고 논쟁을 벌이기도 한다.

오해하지 말아야 할 것은 면적에 포함되지 않는다고 해

서 공사비에서 제외되는 것은 아니라는 당연한 상식이다. 그게 다락이 되었건, 필로티가 되었건 바닥면적에서 제외되었어도 구조물과 마감을 만드는 비용은 변함없이 들어간다. 면적이 제외되는 부분을 활용하라는 것은 가능한 법적인 제약 내에서 더 효율적인 실내공간을 만들기 위한 것이지 공사비를 줄이기 위한 것이 아니다.

09

공간의 크기

공간을 구상할 때 주변에 있는 사물들의 치수를 재어보는 습관을 가지는 것이 좋다. 평소에 늘 보는 사물들도 막상 공간을 구상하려고 하면 그 크기를 정확히 알고 있는 사물이 별로 많지 않다. 책상의 높이는 70센티미터, 의자의 높이는 45센티미터 정도라는 게 혹 알고 있는 치수일 것이다. 늘 보아왔던 세면대의 높이나 싱크대의 높이, 문의 폭이나 계단의 폭과 같은 것은 실제로 재어보지 않고서는 알 수가 없다.

공간의 크기도 마찬가지이다. 늘 사용하던 공간이라고 해도 그 크기를 알 거나 기억하는 경우는 별로 없다. 이제 한 평이라도 아끼면서 자기가 원하는 공간을 얻으려면 적절한 공간의 크기를 이해할 필요가 있다. 최근에 집을 짓는 시공비가 평당 천만 원에 가깝다고 들었다면 한 평의 공간을 아끼는 것만으로도 천만 원을 절약하는 효과가 있는 것이다. 당연히 효율적인 공간구성으로 면적을 아끼려는 노력이 필요하다.

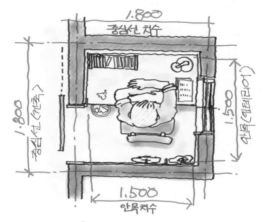

$$1.8 \times 1.8 = 3^{24} \cdots 약 한평 공간$$

종종 자신이 사용하는 실내공간을 줄자로 재어보고는 그 크기로 설계해 달라고 요구하는 경우가 있다. 건축설계에서의 공간계획은 항상 벽체의 중심선으로 하기 때문에 건축에서 필요한 공간의 크기는 눈으로 보이는 것보다 30센티 정도 더 크게 고려해야 한다. 원하는 단일 공간의 크기를 건축사에게 요청하였다면 당연히 건축사는 벽

두께를 고려해서 공간계획을 할 것이다. 하지만 벽 두께를 고려하지 않고 살림집의 내부공간계획을 하였다면 벽두께를 고려하는 순간 오랜 시간을 들여서 고민하였던 모든 계획을 전부 폐기하고 다시 시작해야 한다. 실내의 공간계획을 건축사의 도움이 없이 스스로 한다는 것은 상상 이상으로 어려움이 있다.

상담해 보면 의외로 거실이나 침실은 크게 하기를 원하는 반면에 계단이나 화장실은 조금이라도 작게 해서 공간을 아껴보려고 하는 경우가 있다. 계단이나 화장실은 동선에 민감한 공간이다. 계단의 경우에는 사람이 오르내리는 것보다 가끔이지만 물건을 들고 오르내리는 경우를 고려해야 한다. 그래서 양쪽으로 벽이 세워진 계단의 경우는 평소 알던 계단보다 더 크게 계획해야 한다. 일반적인 테이블의 높이가 70센티미터 정도이므로 계단 안치수가 그 이하이면 테이블을 운반하는 것조차도 어렵다. 중간에 회전해야 한다면 더 넓은 치수를 고려해야 한다. 이는 안목치수로 말하는 것이다.

화장실의 경우에는 더욱 민감하다. 작은 공간에 양변기, 세면대, 샤워기와 같은 설비시설과 각종 수납장이 들어간다. 약간의 부족한 치수는 황당하게도 문을 열다가 변기에 걸리는 경우가 발생하기도 하고, 세수하다가 머리를 수납장에 부딪히는 경우가 발생하기도 한다. 대개 변기의 앞뒤 길이는 70센티 정도이다. 그리고 화장실 문의 경우도 75센티 정도를 고려하면 적당하다. 화장실의 설계에서는 출입문과 변기가 마주하게 되는 경우가 많은데, 그러면 안목치수는 1.5미터를 고려하면 문이 변기에 걸리지 않는다. 중심선치수로 보면 1.8미터가 필요하다. 이보다 작다면 약간이라도 어긋나게 문과 양변기를 배치해 주어야 한다.

공간을 아끼고 싶다면 계단이나 화장실을 줄일 것이 아니라, 거실이나 침실을 줄여보려고 하는 게 더 효과적이다.

10

생각과 표현

　일상에서 늘 경험하는 살림집의 경우에 사람들은 '집 정도야 나도 설계할 수 있지'라고 쉽게 생각하기도 한다. 하지만 막상 직접 해보면 고려해야 할 변수들이 너무 많아서 그것이 쉬운 일이 아니라는 것을 금방 깨닫게 된다.

　필자가 건축을 배우는 학생 시절 처음으로 집을 설계했던 기억이 난다. 집을 설계한다는 것이 처음에는 자유로운 창작처럼 생각되었는데 점차 내가 살았던 집과 내가 보았던 공간에 대한 생각이 나를 지배하고 있음을 알게 된다. 생각외로 나의 상상력은 그리 자유롭지 않았다.

　스스로 자신의 집을 설계해 보라고 하면 놀랍게도 대부분이 아파트의 평면과 비슷한 그림을 그린다. 어느새 우리의 주생활의 의식 속에 아파트 평면이 자리 잡고 있는 듯하다. 그것을 깨고 특별한 주거공간을 상상해내는 것은 아무래도 쉬운 일은 아닌 것 같다. 아파트와 같은 공간을 가진 주택을 원한다면 그냥 아파트를 분양받으시라. 같은 비용으로 훨씬 질 좋은 마감을 누릴 수 있다.

　건축사의 도움이 없이 스스로 설계를 하려는 생각은 빨리 포기하는 것이 좋다. 건축주에게 공간에 대한 상상을 직접 도면으로 표현하려고 시도하지 말라고 하고 싶다. 차라리 인터넷에 떠도는 사진과 건축사와의 대화를 통해서 공간에 대한 상상을 시작해보는 것이 좋을 것이다. 만약에 본인이 원하는 집에 대한 방향을 잡기가 어렵다면 그 어려움에 대해서 건축사와 대화를 하는 것으로 시작해보자. 상상을 도면으로 그려나가는 것은 아무래도 건축사가 나을 것이다. 건축주는 건축사의 드로잉이 경직된 상상력에서 이루어지지 않도록 자극을 주는 역할을 하는 것이 좋겠다.

　조금은 용기가 필요한 쉽지 않은 방법이지만 지금 건축주가 살고 있는 집에 건축사를 초대하여 주거공간에 대한 토론을 해보는 것도 좋겠다. 이미 경험한 공간의 좋은 점과 불만을 같이 이야기하는 과정에서 그다음에 살고 싶은 새로운 주거공간의 모습에 대해서 쉽게 상상할 수 있을 것이다. 건축사에게는 다양한 주거공간에 대한 경험이 있다. 하지만 그 경험 속에 건축주에게 적절한 공간이 어떤 것이 었는지를 즉각적으로 알 수는 없다. 건축사가 건축주의 마음속의 집을 탐구해나가야 하듯이 건축주는 건축사의 마음속에 있는 공간에 대한 경험을 끄집어내도록 자극을 주어야 한다. 상상력이 경직되지 않도록 서로가 적극적으로 자극을 주고받는다면 자신이 상상하던 공간을 좀 더 빠르고 정확하게 구현할 수 있다.

건축주는 직접 그리는 것보다 건축사에게 그려달라고

요청하는 것이 훨씬 쉽고 빠르다. 아마도 건축사는 그런 요청을 기다리고 있을지도 모른다. 건축사는 집을 구상하기 위해 필요한 개인정보를 물어볼 것이다. 그 질문에 꼼꼼하게 잘 대답을 하고 있으면 점점 생각하던 집이 도면으로 옮겨지고 있는 것을 느끼게 될 것이다. 건축사의 능력을 잘 이용하는 것이 건축주의 능력이다.

11

개성을 찾아라

지구 상에는 수십억의 사람들이 살고 있지만 모두가 다른 모습으로 살아간다. 사람마다 개성이 다르듯이 사람마다 어울리는 살림집이 같을 수는 없을 것이다. 자기만의 독특한 공간을 갖는 살림집을 구상하는 것은 똑같게만 여겨지는 아파트와는 다른 매력을 기대할 수 있다.

자신에게 어울리는 특별한 공간에 대해 건축사와 토론하는 시간을 가져보는 것이 필요하다. 건축사들은 사용함에 불편함이 없는 일반적인 공간구성에 대해서는 경험을 통해 이미 숙지하고 있다. 살림집을 설계함에 있어서 건축사가 추가적으로 알아야 할 것은 건축주의 개성과 관련된 것이다. 그 점에 대해서 건축주는 스스로 고민하고 건축사와 대화를 시도해야 한다.

건축주마다 개성이 있듯이 건축사들도 개성이 있다. 건축사들도 제각기 선호하는 디자인 패턴이 있고 선호하는 재료가 있을 수 있다. 건축사가 어떤 디자인을 선호하는지를 알고 있는 것은 앞으로의 디자인을 협의하는 데 도움이 된다. 인터넷이나 주변에서 여러 가지 마음에 드는 디자인을 수집하여 건축사에게 보여주는 것보다 당신 앞에 있는 건축사의 디자인 중에서 마음에 들었던 디자인이 있었다면 그것을 가지고 디자인 토론을 하는 것도 좋은 방법이다.

독특한 아이디어는 순간적으로 떠오른다. 설계과정에

중간중간에 떠오르는 아이디어와 같은 것은 다소 엉뚱하다는 생각이 들어도 그것을 건축사와 수다를 떨 듯이 대화하는 것도 좋겠다. 그러한 대화는 설계순서와 관계없이 이야기를 나누어도 좋을 것이다. 그러는 가운데 현실적으로 적용 가능하면서 독특한 자신만의 개성이 녹아있는 특별함이 솟아날 수도 있다.

나의 집에는 다른 집과 좀 다른 게 있어야 하지 않을까? 나만의 독특함을 갖고자 하는 그것은 정당한 욕심이다. 물론 여기에 정말 주의해야 할 것이 있다. 지나침은 결코 모자람만 못하다. 이유 없이 소위 튀기 위한 지나침은 현대건축의 디자인에서 경계해야 할 부분이다. 독특하게 보이겠다는 이유만으로 괜히 집을 빨간색으로 하고 싶다던가 강아지 모양으로 하겠다던가 하는 것은 디자인이 아니다. 개성은 정제된 가운데에서 기존의 질서 안에서 이루어지는 게 좋다. 말하고 나니 좀 어렵다.

자신만의 개성 있는 집을 원한다며 일방적으로 요구하기보다는 개성 있는 집을 주제로 건축사와 토론을 해보시기를 권한다. 좋은 집은 이런 대화가 쌓여서 완성되는 것이다 물론 말하고 나서도 걱정된다. 대부분 개성 있는 집을 눈에 띄는 별스러운 디자

인으로 오해하는 경우가 많아서 그렇다. 그럴 때 유럽의 고대도시를 상상해보라. 비슷

한 집으로 가득하지만 개성이 없는 게 아니다. 튀는 것은 개성이 아니라 기형이 될 수

가 있다.

12

적절한 선택

　누군가가 필자에게 건축이 예술인가라고 묻는다면 당연히 건축은 예술활동에 들어간다고 말을 할 것이다. 아름다움을 추구한다는 점에서 당연히 건축은 예술의 한 부분을 차지한다. 하지만 오해하지 않았으면 하는 것은 건축은 그림과 같은 평면적인 회화도 아니고 그렇다고 해서 조각과 같은 입체예술과 같은 종류의 것이 아니다.

　기본적으로 예술의 갖는 중요한 공통적 속성으로 작품을 통한 작가와 감상자와의 교감의 과정이 있다. 그것은 회화와 조각뿐 아니라 음악과 영화도 마찬가지이다. 건축은 어떠할까? 작가는 누구이고 그것을 감상하는 감상자는 누구인가? 그리고 그 작품은 어떻게 전시되고 보존이 되는가? 그런 것을 따져 물으면 건축이 다른 예술과는 조금 다르게 느껴질 것이다. 내 집을 남에게 보여주기 위해서 짓는다는 것은 조금 우스꽝스러운 일이다. 물론 현실에서는 그런 경우도 적지 않지만 집은 건축주 자신을 위한 것이다. 집을 감상하고 누릴 사람은 건축주 자신이다. 집이라는 작품을 만드는 과정에서 어떤 재료와 어떤 시공방법을 선택할 것인가는 남의 눈을 의식할 것이 아니라 자기 스스로의 입장에서 판단하고 결정해야 한다.

기왕이면 내 집이 좀 더 아름답고 좀 더 완벽했으면 하는 욕심이야 누구에게나 있는 마음이다. 집을 지을 때 지붕에 기왓장의 선이 일직선이 되지 않고 삐뚤빼뚤한다면 어느 건축주가 그것을 재밌다고 즐거운 시선으로 바라볼 수 있겠는가. 주방에 타일을 붙였는데 싱크대의 선과 타일의 선이 평행하지 않다면 누가 그것을 너그럽게 넘어갈 수 있겠는가. 하지만 그런 것으로 지나치게 고통받지는 않으면 좋겠다.

최근에 감리하였던 한 현장에서는 타일의 줄눈의 굵기가 마음에 안 든다고 건축주가 재시공을 요구한 적이 있었다. 이럴 때는 참으로 중재하기 어렵다. 기술적인 문제가 아니라 미적인 문제이고 그것은 주관적인 문제이기 때문이다. 집을 짓는 데는 건축사와 건축주 그리고 관리하

는 시공자와 공사하는 기술자가 관여한다. 이들의 마음
과 생각이 같을 수는 없다. 현장에서 기술적인 잘못을 지
적하는 것은 당연한 일이나 미적인 부분을 지적하는 것은
쉽지 않다. 예민하고 중요하게 생각하는 미적인 부분이 있
다면 반드시 미리 주지를 시켜야 한다.

　미적인 부분을 현장에서 다루는 것은 어렵다. 그리고
건축사라고 해도 미적인 취향에 대해서 건축주에게 강요
하기는 어려운 일이다. 하지만 기술적인 부분에 있어서는
분명히 적절한 기술을 선택하는 게 필요하며 이는 미적
취향과는 조금 다른 문제이다.

벽돌로 외장이 디자인된 건물을 시공하는 과정에서 재료비를 아끼기 위해서 벽돌을 반으로 쪼개서 타일처럼 얇게 만들어서 시공하자고 제안을 해보자. 그럴듯한 생각인가? 일단 벽돌이라는 재료비는 반으로 줄어들 것이다. 하지만 벽돌을 자르는 인건비는 추가되어야 한다. 또한 벽돌은 쌓는 재료지만 타일은 붙이는 재료이다. 이제 그것을 시공하는 시공자가 달라지면서 또한 비용이 달라진다. 그리고 기성 타일이 아니기 때문에 타일공도 통상적인 기준으로 인건비를 책정할 수 없다고 할 것이다. 이 정도 되면 문제가 심각해진다. 게다가 건물이 3층 이상이 되면 타일의 탈락이 우려돼서 건축사는 그 시공방법은 안전하지 않다고 할 것이다. 벽돌을 반으로 쪼개서 재료비를 줄이자는 생각은 그다음의 난관을 이해한다면 간단한 아이디어가 아니다.

만약에 선택이 가능한 경우라면 적절한 수준에서의 선택을 유지하는 것이 좋다. 건축에서도 훌륭한 작품이라고 회자되는 건축물 가운데 싸구려 재료를 사용한 경우는 별로 없다. 하지만 분명한 것은 건축예술의 본질이 사용된 재료의 질을 가지고 논할 수는 없는 것이다. 능력이 된다면 비싸고 고급스러운 재료를 쓰는 것을 말리지는 않 겠다. 하지만 건축재료의 선택과 건축시공방법의 선택은 적정선을 지키려고 노력하는 것이 좋다. 그 적정선은 사람 들마다 같지 않고 주어진 상황마다 다르다. 그래서 무엇 이 적정선인지 말하기는 어렵다. 넓고 편평한 벽면에는 도 배지를 바르는 게 비용면에서 낫겠지만 굴곡이 많고 좁은 벽면에는 페인트칠을 하는 게 나을 수 있다. 적절한 재료 와 적절한 기술을 선택하는 것은 최고급 재료와 최고급 기술을 선택하는 것보다 더 어려운 것이다.

13

도면의 중요성 / 법규의 확인

집을 지을 때 도면이 왜 중요할까? 도면은 집을 짓기 위한 기준이 되는 안내서이다. 시공자는 도면에 있는 내용을 근거로 공사하게 된다. 그러면 도면이 없이 집을 짓는 것은 불가능한 일일까?

과거에 도면이 없이도 집을 짓던 시절이 있었다. 복잡하지 않았던 서민들의 살림집 정도는 도면을 그리지 않고 단지 몇 칸집으로 할 것인지를 정하는 것만으로도 목수가 집을 짓는 것이 가능했다. 지금은 그렇게 집의 형태를 말로 전달하기에는 너무 복잡해졌다.

하지만 아마도 일반인들이 이해하기에 도면이 필요한 가장 큰 이유는 집을 짓는 안내서이기 때문이 아니라 집을 짓는 것을 허가받기 위한 용도로 이해하는 경우가 많다. 건축허가를 받는 행위 자체가 집을 짓는 절차가 된 것이며, 그러기 위해서는 건축법과 관련 법규에 맞게 작성된 도면이 필요한 것이다. 그래서 건축주가 원하는 집이 법규에 맞는다는 것을 증명하는 것도 도면이 필요한 중요한 이유가 되었다.

우리는 법치주의 국가에서 살고 있다. 그렇다면 우리는 법을 잘 지키고 살아가고는 있을까? 사실 법은 상식적인 윤리의 범위 안에 있는 것이다. 윤리적인 내용 중에서 지키지 않으면 남에게 피해를 줄 것 같은 것을 법으로 정해서 지키도록 하는 것이다. 그래서 평소의 생활에서의 법은 윤리적인 행동만 스스로 한다면 법을 어길 일이 거의 없다.

그런데 건축법을 지키는 것은 조금 다르다. 건폐율 용적률을 지키는 것도 조경면적을 지키는 것도 윤리적으로 알 수 있는 것이 아니라 법조문을 확인해야 알 수 있는 내용이다. 공사하는 과정에서 이러저러한 이유로 법적인 요건을 충족하지 못했다면 사용승인을 받지 못할 수도 있다. 건축물을 짓는 과정에서 지켜야 할 법적인 제약조건은 너무 많아서 그것을 하나씩 건축주가 확인하는 것은 거의 불가능할 정도이다.

집을 지어도 좋다는 건축허가를 받았다면 건물은 반드시 허가받은 내용대로 짓기를 바란다. 건축법을 이해하지 못하는 상태에서 도면과 다른 시공을 했다가 규정에 맞지 않아서 낭패를 보는 사례는 의외로 정말 많다. 현장에서 다양한 이유로 도면대로 짓지 못하고 변경해야 하는 경우가 있을 수는 있다. 그런 경우 반드시 건축사의 확인을 받기를 바란다. 그것은 단지 디자인의 문제가 아니라 사소한 변경이라고 생각하였던 것이 법규를 위반하게 되어 사용승인 허가를 받지 못하는 상황이 벌어질 수 있기 때문이다.

14

도면의 중요성 / 견적의 근거

도면의 중요한 두 번째 역할은 견적서를 작성하기 위한 자료로서의 역할이다. 견적서는 예상공사비를 산출하는 서류이면서 공사계약을 하기 위한 공사비의 자료가 되는 서류이다. 계약을 하기 위한 자료라고 하니까 갑자기 정신이 번쩍 든다.

이상하게 생각되겠지만 똑같은 도면을 가지고 견적을 했는데도 총 예상공사비는 건설사마다 다를 수 있다. 도면이 같은데 예상공사비가 다르다면 낮은 비용을 제시한 건설사가 기술이 더 좋거나 공사경험이 많은 것이라고 생각할지도 모른다. 하지만 지나치게 낮은 금액을 제시한 건설사는 오히려 부실공사의 위험이 있다는 것이 건축사들 사이의 통설이다.

건축주 입장에서는 가급적이면 같은 공사를 적은 금액

으로 하고 싶은 것은 당연한 마음이다. 그래서 낮은 공사비를 제시하는 건설사에 눈길이 가는 것은 어쩔 수 없는 일이다. 그 낮은 공사비가 높은 기술력을 의미하는지, 부실공사를 의미하는 것인지는 당장에 알기가 어렵다. 나중에야 그 회사에 대해 이리저리 알아보려고 하지만 무작위로 선택된 회사의 건전성을 확인하는 것은 어려운 일이다.

　그래서 공사견적은 애초부터 신뢰성이 어느 정도 확보된 시공자를 미리 엄선해서 견적을 받아야 한다. 특히 직영공사의 경우 건설사로 등록되지 않는 개인 업체가 공사하는 경우가 많이 있는데, 그런 경우에는 하자보수 등의 책임을 묻기가 어려워서 더욱 주의가 요구된다.

　예상공사비가 다르게 나오는 또 하나의 이유는 도면에 기입된 재료에 대한 건설사의 해석이 달라서 그런 경우도 있다. 우스갯소리 같지만 놀랍게도 최종도면에서 가장 많이 보이는 재료가 '건축주 지정마감'이라는 재료이다. '도면대로만 시공해주세요'라고 했는데 시공자에게 돌아온 대답이 '마감을 지정해주어야 공사를 하죠'라고 한다면 난감해진다.

　만약에 견적에서의 변수를 최대한 줄이고 싶다면 원하

는 재료를 미리 특정해서 견적에 반영하도록 도면에 명기하게 하는 것이 좋다. 그게 아니라면 직접 구입 가능한 재료들은 지급품목으로 빼놓는 것이 좋다. 앞서 말한 '건축주 지정마감'이라는 것은 지급품목이라는 의미인지 공사비에 포함되었으나 제품은 자유롭게 선택할 수 있다는 의미인지는 미리 확인해야 한다.

지급자재는 건축주가 직접 구입해서 시공사에게 설치하도록 제공하는 품목들이다 건축주 부담이다. 대표적으로는 싱크대, 에어컨, 가구 등이 있는데 그 외에도 타일이나 욕

조 등도 지급품목으로 지정할 수 있다. 지급자재 혹은 지급품목으로 지정한 경우에는 경우에 따라서 시공자가 설치비만 부담하도록 할 수도 있다.

지급자재가 많으면 건축주가 이리저리 알아봐야 하니까 골치 아프다. 시공자도 공기에 맞추어 자재가 들어오도록 요청하려니 신경 쓰인다. 지급자재로 빼놓는 것보다는 미리 제품을 선정해서 도면에 표기해 놓는 것이 덜 골치 아플 것이다. 하지만 살림집의 경우에는 직접 마감재료를 고르고 싶다는 욕심이 건축주에게도 있을 수밖에 없다. 골치 아파도 특별한 재료를 원한다면 지급자재로 빼놓는 것이 좋겠다.

15

도면의 중요성 / 공사계약서

　도면을 중요하게 여겨야 할 세 번째 이유는 그것 자체가 시공자와의 계약서의 일부이기 때문이다. 사람들은 살아가면서 많은 계약서를 작성한다. 냉장고를 살 때도 그리고 자동차를 사거나 토지를 매입할 때도 작성한다. 나중에 구입한 물건에 문제가 있을 때는 계약서의 조건에 문제가 없었는지를 따지면서 반환 혹은 반품을 요구하게 된다. 계약서는 그렇게 문제가 있을 때를 대비해서 서로 작성하는 것이다.

　공사계약은 도면을 근거로 시공사가 시공할 재료와 물량을 확인하여 공사견적서를 작성하여 이루어지게 된다. 만약 견적과정에서 도면에 명시되어있는 내용을 임의로 변경하여 견적을 냈다면 공사과정에서 도면 기준으로 시공해야 한다고 요구할 수는 있다. 도면의 불합리해 보이는

부분을 정정하기 위해서는 시공사도 도면과 견적내용이
어떻게 다른지를 '견적조건'으로 명기하고 건축주에게 설
명해야 한다. 그럼에도 불구하고 그러지 않는 업체가 있을
수 있으므로 건축주는 시공자에게 도면과 견적내용이 다
른 부분이 있는지를 확인받는 것이 좋다.

　　공사계약서인 설계도면은 설계자의 디자인 의도를 시공
자에게 전달하기 위한 것이다. 다시 말하면 도면은 건축
주에게 이 건물이 어떻게 생겼는지를 설명해주기 위한 것
이 아니라, 시공자에게 설명해주기 위한 것이다. 그래서
건축주의 눈에는 도면이 이해가 안 되고 복잡하게 여겨질

수도 있다. 설계도면은 누구나 이해할 수 있게 표현한 친절한 안내서는 아니기 때문이다.

최근 필자가 설계한 공사현장에서의 일이었다. 실내의 벽 부분을 목재 틀에 석고보드 두 겹으로 시공하도록 도면을 작성했는데 목재 틀 없이 석고보드 한 겹으로 시공하고 있는 것을 보았다. 왜 도면대로 하지 않았느냐고 했더니 시공자가 견적을 낼 때는 석고보드 한 겹으로만 견적하였다는 것이다.

이런 경우에는 두 가지가 고민이 된다. 원칙대로라면 전부 재시공하라고 해야 할 판인데 시공자도 견적을 성실하게 낸 것이라고 하면 금액피해가 클 것이라는 걱정이다. 다른 하나는 당연한 것이지만 설계자가 원한 공사내용과 달라지면서 마감의 질이 떨어질 것이라는 걱정이다. 게다가 건축주들은 괜히 현장에서 분쟁이 생기는 게 싫어서 그대로 공사를 진행했을 경우에 어떤 문제가 있느냐고 오히려 건축사에게 반문한다. 일이 벌어지고 나서 정정하려면 여러 가지 고민으로 난감해진다.

일단 공사가 시작된 후에는 시공자와 도면을 가지고 시비를 가리는 것이 쉬운 일이 아니다. 도면을 살펴보고 집

을 지어주는 시공자에게 요구하는 것은 건축주의 권리이
자 의무이다. 자기 집이니까. 한번 짓고 나면 되돌릴 수 없
으니까. 미리 살펴보고 미리 확인을 받아두자.

누구나 상황이 불리할 때는 도면이 그렇게 된 줄 몰랐
다고 말을 한다. 미안한 일이지만 막상 공사가 시작된 후
에 그렇게 말을 하는 것은 잘못된 공사를 되돌릴 수 있는
좋은 변명이 아니다. 그래서 건축주도 도면에 있는 내용
들을 잘 숙지할 필요가 있다. 도면과 견적서를 찬찬히 살
펴보자.

16

계획설계와 가설계

계획설계는 도면으로 건축물을 그리기 전에 개략적으로 면적을 확인하고 기본도면을 그려보는 것을 말한다. 건축설계에서 기본도면이라 함은 평면도, 입면도, 단면도를 말한다. 2부에서 소개하는 설계과정의 모든 것이 계획설계를 설명하고 있는 것이다.

혹자는 설계는 도면을 그리는 일이라고 생각하기도 한다. 그것은 제도이지 설계가 아니다. 설계를 한다는 것은 집을 어떤 형태로 지을지를 구상하는 과정을 말하는 것이며 이는 다른 말로 계획을 잡는다고 표현하기도 한다. 계획설계를 한다는 말과 설계를 한다는 말은 그냥 같은 말이다.

설계의 과정은 디자인을 하는 과정이 있고, 디자인을 구체화하기 위해 기술적인 검토를 하는 과정이 있다. 설계자와 시공자가 나뉘어있는 것처럼 집을 디자인하는 과정과 기술적인 검토를 하는 과정은 또 분야가 다르다. 계획설계가 집을 디자인하는 과정을 말하는 것이라면, 우리가 설계라고 하는 것은 계획설계를 말하는 것이다.

최근에도 가설계를 먼저 해주면 안 되겠냐는 요청을 받은 적이 있다. 가설계? 아직도 익숙지 않은 용어인데 아마도 계획설계를 말하는 것일 것이다. 계획설계를 먼저 해주는 것은 사실 있을 수 없는 일이다. 그것은 설계를 먼저 해달라는 말과 다르지 않다.

"가설계를 받아보니까요. 마음에 들지 않아서 다른 안을 또 받아보고 싶어서 전화했어요."

"죄송합니다. 저희는 가설계는 안 하고요. 설계계약을 하시면 계획설계를 진행합니다. 계획안이 도무지 마음에 안 드시면 그때 설계 진행을 멈추시면 돼요."

계획설계안을 보고 나서 설계계약을 하겠다는 것은 건축사의 입장으로 말하자면 음식 맛을 보고 나서 식사비를 계산하겠다는 것과 같다. 계획설계를 했다는 것 자체가 이미 설계를 했다는 것이기 때문이다. 그리 간단하게 작성할 수 있는 것이라면 금방 해 드리고 설계계약을 하면 좋을 일이지만 필자의 주변에 나름 성실한 건축사들도 그렇게 금방 계획안을 만들어줄 만큼 뛰어나지 못하다.

좋은 요리사야 음식을 먹어보고 찾아볼 수 있겠지만 마음이 맞는 건축사를 찾아서 매번 설계를 의뢰할 수는 없을 것이다. 그렇다고 가설계안을 받아보는 것은 좋은 방법이 아니다. 가설계를 선뜻 해주겠다는 건축사를 열심히 찾아서 안을 받아보는 것보다 본인의 취향에 맞는 건축사를 찾는 데 공을 들이기를 권한다. 그런 후에 시간을 두고 건축사와 같이 계획을 진행하는 것이 바람직하다.
혹여 건축사의 계획안이 마음에 들지 않을 때를 위해서
계약을 파기할 수 있는 조건을 제시하는 것이 차라리 나
을 것이다.

17

귀가 얇으신 건축주에게

집을 지으려고 하면 주위에서 다양한 조언을 듣게 된
다. 다들 집을 지으면서 겪었던 어려움을 다시 겪지 않았
으면 하고 이야기를 해 주시는 분들이다. 진정 고마우신

분들이다.

제주의 속담에 '배는 짓고 집은 사라'는 말이 있다. 그 만큼 집을 짓는 일이 쉽지 않다는 의미일 것이다. 하지만 건축에 관해서는 일반인들의 조언을 듣기보다는 건축사 에게 먼저 조언을 구하고 의지하기를 권한다.

일반인들의 경험은 어쨌거나 단편적인 경험일 가능성 이 높다. 일반인들이 집을 짓는 과정을 다양하게 경험하 기는 어렵다. 집을 낮게 지었더니 비가 들이칠 때가 걱정 이고 집을 높게 지었더니 나이 드신 노모의 거동이 염려 된다. 이렇게 집은 하나의 시선만으로는 좋고 나쁨을 평 가할 수 없다.

필자의 사무소가 있는 제주시는 시원스러운 바다가 북 쪽에 있다. 이런 제주시 해안마을에 설계를 할 때는 늘 고 민스럽게 문의하는 내용이 있다. '거실의 창을 바다가 잘 보이는 북쪽으로 할까요? 아니면 햇볕이 잘 드는 남쪽으 로 할까요?' 라는 질문이다. 어느 선택이 옳은 선택일까? 이러한 내용을 주위에 일반인의 조언을 구하는 것은 큰 의미가 없다. 결국 스스로 원하는 집은 어떤 집일까 고민 하고 결정해야 한다. 그 과정에 건축공간의 장단점에 대해 다양한 의견을 들어보려면 그건 건축사에게 물어보는 것이 좋을 것이다. 건축사는 공간을 다루는 전문가니까.

건축주는 집을 구상하는 일을 하는 과정에서 실질적인 책임자이고 권력자이다. 건축주가 주위의 서투른 조언에 흔들려서는 올바른 길로 나아갈 수 없다. 건축주의 판단이 흔들리면 건축사도 같이 흔들린다. 건축사 역시 자기 집을 구상하는 것이 아니라 건축주의 집을 구상하고 있는 것이기 때문에 경험 많은 건축사라고 해도 건축주의 의중을 무시할 수는 없는 것이다.

언제 이런 권력을 쥐어보겠는가. 자신 있게 자신의 권력을 행사해도 좋다. 다만 어리석은 독재자의 모습이 아니라 민주사회의 의장과 같은 모습이기를 바란다. 위정자는 스스로 모든 분야의 지식을 갖고 있을 필요는 없다. 다만 좋은 참모를 곁에 두고 전문가의 의견을 들을 준비는 되어있어야 할 것이다. 집을 구상하는 데 있어서 건축사는 그런 권력자의 가장 가까운 참모이다.

건축사가 집을 구상하는 데에는 전문가라고 한다. 그래도 결정권자는 아니다. 아무리 능력 있는 건축사라고 해도 건축사는 제안할 뿐이지 결정을 하지는 못한다. 좋

은 집은 흔들리지 않는 건축주의 의지에서 나온다. 건축
사의 제안을 잘 들어보고 '그래 이게 좋겠어'라고 하는 건
축주의 한마디가 최종적으로 집의 방향을 결정한다. 건축
사에게 설계를 맡겨놓고 여행가지 마시라. 그러면 설계는
중단된다.

2부

건축설계과정
(계획설계)

01

건축사를 구슬려라

공간구성과 디자인을 건축사와 같이 해보자. 그런데 건축사와 같이해야 한다고 하면 괜히 불안해진다. 건축에 대해 아는 것이 없는데 건축사와 의견이 안 맞으면 어떡하지 하는 고민이 든다. 건축사는 건축을 전공한 전문가니

까 나름대로 생각과 고집이 있을 것이고, 건축주는 큰 맘 먹고 마련하려는 자기 집이니까 또 나름대로 생각과 고집 이 있을 수밖에 없다.

좋은 집을 디자인하기 위해서는 건축사를 적극적인 설 계자가 되도록 유도해야 한다. 가장 좋지 않은 상황은 건 축사로 하여금 '그래, 해달라는 대로 해주고 끝내자'라고 하는 수동적인 태도를 갖게 만드는 것이다.

건축사를 수동적으로 만들지 않기 위해서는 무언가를 요청할 때 "~게 해 달라."고 하지 않는 게 좋겠다. 가급적 "~하면 어떨까?"라고 건축사의 생각을 되물어주는 것이 좋다. "창을 크게 내면 어떨까?"라든가 "현관을 남쪽으로 하면 어떨까?"라는 식으로 자신의 생각과 더불어 건축사 의 생각을 물어주는 것이 좋다. 건축사도 생각을 물어주 면 신이 난다.

건축사를 수동적으로 만드는 두 번째의 태도는 본인 생각이 아니라 남의 생각을 전달하는 식으로 의견을 말 하는 것이다. 'OO가 말하는데 화장실이 너무 넓다고 하 네요'라고 하는 식의 의견전달은 좋지 않다. 주위의 정보 와 의견은 잘 걸러서 자신의 생각으로 말을 해야 한다.

'내가 보기에 화장실이 넓은 것 같네요'라고 해야 한다. 설계는 건축주의 생각과 건축사의 생각이 만나서 대화하는 것이다.

건축사를 수동적으로 만드는 세 번째의 태도는 건축사의 제안에 반응이 없이 자신의 생각을 말하는 것이다. 대화는 반드시 서로에게 반응을 해주는 것이다. 건축사가 도면을 그려서 보여줬는데, 그 도면이 이해가 안 된다면 설명을 요청해야 한다. 건축사가 그려준 도면보다 혹여 분양 카탈로그에 있는 아파트 평면이 더 좋아 보인다면, 그 둘을 비교하면서 왜 아파트 평면이 더 좋아 보이는지를 가지고 건축사와 대화를 해야 한다. 놀라운 일 일지도 모르지만 모든 도면에는 이유가 있다.

네 번째로 건축사는 건축주의 집에 매력을 느끼지 못할 때 수동적이 된다. 건축주가 건축사에게 '저는 30평 정도 주택이면 되니까, 알아서 적당히 해주세요'라고 하거나, '저는 요 평면대로 하면 되니까, 이대로만 설계해주세요'라는 식으로 본인만의 집에 대해 적극적인 의사 표현이 없을 때 건축사 역시 적극적으로 그 집에 대한 고민을 하지 못하게 된다.

간혹 도면을 자기가 다 그려올 테니까 허가만 받아달라고 하는 경우도 있다. 그렇게 건축사를 그저 단순히 건축허가를 받아주는 사람으로 만들지 않는 게 좋다. 혹시 건축사에게 그런 업무만을 해주기를 원한다면 그리고 자기가 생각하는 대로 도면으로 단순히 그려주는 사람을 원한다면 처음부터 그 의사를 밝혀주시라. 그게 서로 불편한 동행을 하지 않는 방법이다.

누군가는 시청 뒷골목에서 소주를 들이켜며 이렇게 외칠지도 모른다.

'내가 이러려고 건축사가 되었나?'

02

생각도 순서에 따라

　건축사와 설계를 같이 하기 위해서 미리 염두에 두어야 할 것은 설계의 순서에 관한 것이다.

　'건축주가 설계순서를 알아야 한다고? 왜?'

　돈을 주고 설계를 해달라고 맡겼는데 건축주도 설계순서를 알아야 한다는 필자의 이야기가 황당할지도 모른다. 아니 대개는 황당할 것이다. 설계는 건축사가 하는 것이니까 그런 건 건축사만 알고 있으면 되는 일이지 건축주까지 알 필요가 있을까 하고 반문할 것이다. 하지만 이제 그 고정관념을 버리자. 설계는 건축사만 하는 것이 아니라 건축주도 같이하는 것이다.

　건물의 구상은 즉흥적으로 떠오르는 영감을 종이에 옮겨적는 그런 예술가의 활동이 아니다. 집을 구상하기 위한 복잡한 내용들을 잘 정리하기 위해서는 해결해야 할 문제들을 하나하나 순서에 따라서 풀어가야 한다. 설계의 순서를 이해하는 것은 집을 구상하는 생각의 순서를 이해하는 것이고 또 그것은 건축사와 앞으로 해야 할 대화의 순서를 이해하는 것이다.

건물을 구상하는 생각과 고민도 그 순서에 따라 하는 것이 바람직하다. 생각을 순서대로 하는 것은 매우 중요한데 이는 건축사와 대화의 호흡을 맞추기 위한 것이기도 하다. 예를 들어 아침 식사를 마치고 주부가 설거지를 하려고 그릇들을 싱크대로 옮기고 있는데, 점심 메뉴가 뭔지를 묻는다면 그 질문이 정당하다고 하여도 주부는 화가 날지도 모른다. 그 시점의 주부에게는 설거지를 하고 그릇을 어디로 정리할지가 관심이기 때문이다. 대화는 적절히 시기가 맞아야 한다.

설계과정을 크게 구분하면, 기획, 배치계획, 평면계획, 형태계획, 기본설계, 실시설계의 순으로 이루어진다. 집에 대한 고민도 이 순서에 따라서 하는 것이 분명히 효율적이다. 아래의 표는 각 단계별로 건축사와 건축주의 역할 비중이 얼마나 중요하게 차지하는지를 주관적으로 표현해 본 것이다. 물론 역할부담이 5%라고 해서 그 중요함이 덜

하다는 것은 아니다. 가급적 자기의 역할이 적다고 해도 최선의 협력관계를 유지하는 것이 필요할 것이다.

설계 수준	기획 ⇒	배치계획 ⇒	평면계획 ⇒	형태계획 ⇒	도면 작성
건축사	5%	30%	50%	70%	95%
건축주	95%	70%	50%	30%	5%

표1. 설계순서에 따른 역할의 비중

건축설계를 하나의 업무라고 한다면 초기에는 건축주의 역할이 중요하고 나중으로 갈수록 점차 건축사의 역할이 중요해진다. 초기에는 건축주의 의지가 중요하고 마무리 단계로 갈수록 건축사의 의지가 중요해진다. 특히 중간단계인 평면계획에서는 건축사와 건축주의 균형 있고 긴밀한 토론과 대화의 과정이 중요하다. 평면계획에서 대부분 건축에서 고려할 수 있는 모든 이야기들이 집중되며 일반적으로 가장 많은 시간이 할애되기도 한다. 설계과정별로 집중해야 할 관심 주제는 다음과 같다.

설계공정별 주요 관심사

기획: 집을 지을까 말까. 규모는 어느 정도로 할까.

배치계획: 집을 대지의 어느 쪽에 두고, 어디를 바라볼까.

평면계획: 배치와 기능에 맞는 효율적인 내부 공간구성은 어떻게 할까.

형태계획: 평면계획에 부합되는 보기 좋은 외관은 어떤 모습일까.

허가도면작성: 협의된 디자인을 현실화하려면 법규, 구조, 전기, 설비를 어떻게 해결할까.

시공도면작성: 공사계약에 지장이 없는 도면을 어떻게 작성할까.

03

피드백

순서대로 차분히 고민한다고 하여도 그 과정에서 이루어진 판단이 항상 옳은 결정이라고 할 수는 없다. 이를테면 형태계획의 과정에서 창호 디자인이나 심지어는 평면계획까지도 수정되어야 하는 경우가 발생한다. 이렇게 설

계과정에서 앞서 결정한 내용을 수정하고 번복하는 일을 피드백feed-back이라고 하는데, 이 역시도 설계의 과정이다.

　누군들 앞서 내린 결정을 번복하고 싶지는 않을 것이다. 한번 하나의 결정을 번복하면 그 이후의 일들이 도미노처럼 재검토해야 할 일들이 일어난다. 잘 짜이고 고민을 많이 한 계획일수록 오히려 계획의 번복은 수정해야할 일들이 많아진다. 침대의 위치가 맘에 안 든다고 바꾸었을 뿐인데, 나중에 보니 콘센트가 침대에 가리는 경우가 생길 수 있다. 그런 사소한 변경이 아닌 현관 출입구의 위치가 동향이 좋다고 해서 바꾸려고 하니, 화장실, 거실의 위치까지도 다 다시 계획해야 하는 것은 당연한 일이다. 그래서 피드백은 신중히 해야 한다.

　피드백은 지나온 과정에 대한 반성의 시간이다. 그래서 가급적 피드백은 최소한으로 이루어지는 게 바람직할 것이다. 하지만 지나온 과정이 절실하게 후회된다면 과감하게 설계를 다시 한다는 마음으로 돌아가야 한다. 어쩔 수 없다. 그리고 일단 피드백을 결심했다면 대충 눈에 들어오는 아쉬움만 봐서는 안 된다. 분명 관련된 수정내용들이 있다는 생각으로 검토를 해야 한다.

건축사에 따라서는 피드백의 과정에 추가설계비용을 요구할 수도 있다. 그만큼 업무가 증가되기 때문이다. 하지만 공사를 하면서 후회하는 것보다는 설계의 과정에서 피드백을 하는 것이 옳은 일이다. 피드백을 하면서 자책하지 마시라. 그나마 일이 커지기 전에 돌아갈 수 있다면 그게 후회를 줄이는 길이다.

처음부터 피드백을 최소화할 수 있는 좋은 방법이 있는 것은 아니다. 그래도 피드백을 줄이기 위해서는 계획을 할 때 내가 왜 이런 계획을 하게 되었는지 이유를 기억하는 것이 좋다. 왜 침대를 이쪽으로 두었는지, 왜 현관의 위치를 이곳으로 하였는지, 왜 화장실을 저곳에 두었는지 합당한 이유를 기억해둔다면 피드백을 할 시점에 즉흥적인 실수를 할 가능성을 줄일 수 있다.

물론 미리 피드백을 염두에 두고 계획을 해서는 안 될 것이다. 계획의 과정을 번복한다는 것은 상당히 복잡한 후속 과정이 연결된 일이다. 특히 계획과정에서는 피드백이 보통 용납이 되지만, 일단 도면화 작업이 시작되고 나면 피드백은 매우 신중히 해야 한다. 게다가 공사를 진행하는 과정에서 계획할 때처럼 쉽게 판단을 번복했다가는 망치를 던지고 현장을 떠나는 인부를 붙잡고 달래야 할지도 모른다현장에서 인부를 달랠 때는 돈이 들어간다.

　　피드백은 아주 부득이할 때 해야 하는 수정의 과정이지, 언제든지 해도 좋다는 의미가 아니다.

04

기획

기획은 집을 구상하기 위한 맨 처음의 과정으로 '과연 내가 지금 집을 지으려고 하는 생각이 타당한가?'를 물어보는 시간이다. 가끔 농담처럼 '계획의 실패는 용서될 수 있지만, 기획에서의 실패는 용서되지 않는다'는 말을 한다. 특히 상업적인 용도의 건축을 할 경우에 기획이라는 것은 사업의 성사를 가름짓는 고민의 시간이기 때문에 매우 중요하다. 그보다는 덜 할지 몰라도 살림집의 경우에도 기획은 중요하다. 집을 짓는다는 행위 자체가 매우 많은 비용이 요구되는 일이기 때문에 해도 그만 안 해도 그만인 취미생활처럼 접근할 수는 없는 일이다.

그러면 건축주가 생각하는 기획이 제대로 된 것인지를 건축사에게 물어봐야 할까? 아니면 건설사에 물어볼까? 어떤 사업을 구상하든지 가장 중요한 기획을 제삼자인 누

구에겐가 물어본다는 것이 쉽지 않은 일이다. 심지어 기획이 제대로 되어있는지를 건축사에게 묻는 것이 어리석은 일 일지도 모른다. 건축사도 건설업자도 일을 성사시키려는 생각이 앞서기 때문이다. 묻지 말라는 것은 아니다. 당연히 전문가들을 찾아가면서 의견을 들어봐야 한다. 하지만 어느 누구에게도 전적으로 의존하지는 않는 게 좋다. 최종적인 판단은 건축주의 몫이다.

　기획보고서라는 것이 '할 필요가 없는 사업'으로 결론 내는 일이 거의 없는 것도 이런 이유이다. 옆에서 '한번 해

봐봐'라고 꼬드기는 말에 넘어가지 마라. 정작 필요할 때 자금이 아쉬운 건 건축주뿐이다. 준비가 덜 되었다는 판단이 설 때 과감하게 중단하는 것도 정말 훌륭한 기획이다. 집을 짓겠다는 결심을 '설마 어떻게 되겠지'하는 마음으로 시작하지 마시라.

최근에 은퇴 후에 제주도에 와서 살고 싶다고 하면서 땅을 구입하신 분이 찾아왔었다. 상당히 시내와는 떨어진 외진 곳이어서 수도와 전기를 끌어서 공사를 해야 하는 상황이었다. 다행히 집을 짓기 위한 법적인 요건들은 만족시키고 건축허가를 받을 수 있었다. 하지만 결국에는 집을 짓는 것을 포기하였다. 건축허가를 받고 나서 가족회의를 한 결과 가족의 대부분은 연고가 없는 제주도에서 사는 것도 걱정인데, 주변에 아무런 시설이 없는 외진 곳에서 지내기가 두렵다는 것이었다. 애초에 가족회의를 하였다면 굳이 그 땅을 매입조차 하지 않았을 것이다.

시내와 동떨어진 경관 좋은 곳에서 펜션형 숙박업을 하고 싶다고 찾아오는 분들이 있었다. 대개는 필요한 직원 수와 객실 수에 따른 수익과 지출 정도만을 가지고 투자 여부를 판단하는 경우가 많았다. 하지만 해 본 사람은 안다. 외진 곳에 있는 사업장에서 직원 하나 구하기가 얼마나 어려운지를. 근처에 편의점 하나 없다면 손님들이 얼마나 불편해하는지를. 그에 따른 부가비용에 대한 짐작을 경험 없이는 잘 모른다. 기획은 건축사를 만나기 전에 이미 꼼꼼하게 했어야 한다. 기획이 좋지 않은 상황에서 설계를 해야 하는 건축사는 마음이 무겁다.

05

예산

기획과정에서 특히 고민해야 하는 것은 동원할 수 있는 자금의 규모이다. 집을 짓기 위해서 쓸 수 있는 자금계획은 꽤 정확하게 갖고 있어야 한다. 또 그 자금에서 실제 건축공사만을 위해서 쓸 수 있는 비용이 얼마 정도인지를 예측해야 한다. 가구 구입과 조경공사와 세금 등 예비비용을 제외하고 실제 건축공사에 투입할 수 있는 비용이 얼마나 가능한지 자금조달계획을 나름 명확하게 미리 체크 해보자.

기획의 과정에서 예산산정이 중요한 것은 그것을 근거로 가능한 공사의 규모를 예상해야 하기 때문이다. 대개의 건축관계자들은 설계도면도 없이 '요새 집을 지으려면 평당 얼마가 들어요?'라는 식의 질문을 매우 어리석은 질문이라고 한다. 하지만 기획의 단계에서는 어쩔 수 없이 이런 식의 어리석어 보이는 질문도 해야만 한다.

소위 집을 짓는데 평당 얼마가 든다는 조언은 실제 공사비로 적용하는 데에는 아무런 의미가 없다. 그것은 투입 가능한 공사비를 고려해서 어느 정도의 규모로 집을 지을 수 있는지를 가늠하기 위한 것일 뿐이다놀라운 일이지만 소규모현장에서 평당 얼마에 공사계약 했다는 말까지도 간혹 들을 수 있다. 기절할 일이다. 하지만 어쩌겠나. 이렇게라도 짐작하지 않고 집을 지어보겠다고 결심할 수는 없다. 어려운 순간이다.

건축공사비를 가늠하기 위해서는 최근에 완공한 집을 찾아가 보는 것이 현실적으로 실천할 수 있는 방법이다. 공사비 예산이라는 것은 공사의 질과 관계가 있기 때문이다. 공사비에 대한 조언을 받기 위해서라면 공사했던 시공자와 같이 찾아가 보는 것이 좋을 것이다 시공자선정을 위해서 완공된 집을 찾아가는 거라면 혼자 찾아가서 건축주를 만나보는 것이 좋다.

　공사비에 대한 자문을 구할 때는 공사비에서 제외하고 생각해야 할 항목이 무엇이 있는지를 물어보는 게 좋다. 시공자의 입장에서는 공사계약에 포함되는 내용만이 공사비라는 생각이 많고, 대개의 건축주는 새집에 들어가야 할 모든 집기들이 다 공사비에 포함되는 거라고 생각하기 쉽다. 주위에서 들을 수 있는 평당 얼마가 든다는 식의 공사비를 말하는 것은 대개 시공사가 말하는 공사비이다. 거기에는 싱크대와 에어컨, 붙박이장, 조경, 각종 세금, 기반시설인입비용 등은 제외되어있는 것이 일반적이다.

　기획단계에서의 예산이 적절했는지를 확인할 수 있는 것은 설계가 다 마무리된 후에야 가능하다. 설계가 마무리된 후에 시공사를 통해서 견적을 받고 나면 그때야 초기의 예산에 문제가 없었는지를 확인할 수 있는 것이다.

　설계가 다 끝난 후에 몇 군데의 신뢰할 수 있는 시공사를 통해 견적을 받아보았는데 예산을 초과하는 결과가 나올 수 있다. 그때는 둘 중 하나를 선택해야 한다. 첫 번째는 공사를 포기하는 것이다. 두 번째는 내가 공사비로 지출할 수 있는 비용을 공개하고 그것에 맞추어서 공사내용을 바꾸어달라고 하는 것이다. 매우 힘든 피드백의 과정이 요구된다.

공사를 포기할 수도 있다고? 그래서 기획단계에서 예산을 잘 검토하고 공사규모를 현실적으로 접근하는 것이 중요하다는 것이다.

06

배치계획

건축계획의 시작은 땅에 집의 위치를 결정하는 것으로 시작된다. 전통사회에서는 집을 지을 때 두 분야에서 전문가의 도움을 받아왔다. 하나는 뼈대를 만들어주는 목수이고 다른 하나는 집의 좌향을 결정하는 지관이다. 배치계획은 지관이 했던 고민을 하는 시간이다.

건축계획의 첫 번째 과정으로 배치계획을 하는 이유는 배치가 모든 계획에서 가장 중요한 비중을 차지하기 때문이다. 계획의 실패는 용서할 수 있어도 기획의 실패는 용서할 수 없다는 말처럼 '평면설계를 잘못한 것은 참을 수 있지만, 배치를 잘못했다면 그것은 이미 실패한 설계'라고 할 수 있다.

짧은 시간에 건축상담을 통하여 의미 있는 정보를 얻으려고 한다면 먼저 대지의 지번을 알려주고 건물의 배치

에 대해서 구체적인 토론을 하는 것만이 의미가 있다. 건
물의 배치를 구상하는 것은 그 대지 전체에 대한 이용계
획을 구상하는 것이다. 대지가 넓을수록 배치계획은 중요
하다. 건물의 외부공간에 대한 계획을 세우고 있어야 배
치가 가능해진다.

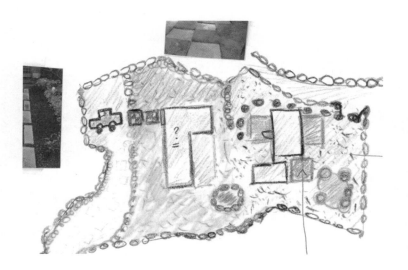

　위의 그림은 상도리에 살림집을 설계할 때 배치에 대
한 생각을 건축주가 그려서 보내온 것이었다. 그림의 정확
도는 떨어진다고 해도 진입로를 어디로 할지, 포장은 어느
쪽을 할지, 주차공간과 조경은 어떻게 하는 게 좋을지에

대한 세세한 생각들이 드러나 있다. 이런 그림 한 장이면 건축사와 배치에 대해 토론하기 위한 준비로는 충분하다.

배치계획의 단계에서 의뢰인은 건물의 위치에 영향을 줄 수 있는 다음과 같은 내용들을 중심으로 건축사와 대화를 시작하는 것이 좋겠다.

첫 번째로 대지로의 주 출입구와 더불어 부출입구와 같은 대지의 진·출입과 관련된 내용이 있다.

두 번째는 외부공간 즉, 마당과 텃밭 그리고 놀이터와 주차장, 조경과 관련된 생각이다.

그리고 세 번째는 건물에서 바라보는 전망과 햇볕이 드는 방향과 바람이 불어오는 방향과 관련한 정보가 있을 것이다.

그러면 배치계획을 현실적이고 효과적으로 하는 좋은 방법이 있을까? 특별한 왕도가 있는 것은 아니지만, 배치계획을 하는 동안에 몇 번이고 건축사와 같이 직접 건축예정지를 찾아가서 현장에서 건축계획을 논의하는 것이 가장 효과적이다물론 건축사는 귀찮아할지도 모른다. 그럴 땐 모른 척해야 한다.

건축사를 만나기 전에 먼저 땅에 서서 주인의 마음으로 주변을 돌아보시라. 무엇이 보이는가. 거실에 앉았을 때 창밖으로 어떤 경관이 들어오기를 원하시는가. 마당은 또 어떤 모습이기를 원하는가. 주차를 어느 쪽에 하고 텃밭은 어느 쪽에 둘 것인가? 아이들 놀이 공간은 어디에 둘 것인가?

아마 끊었던 담배가 다시 그리워질지도 모른다.

07

건물 위치 그리기

지금도 간혹 건물의 배치를 지관과 같은 사람에게 들었다면서 이유 없이 건물의 방향을 남향으로 혹은 동향으로 해달라는 분들이 있다. 사람들은 신기하게도 지관의 명령에는 토를 달지 않는다. 하늘의 뜻이라고 여기기 때문이다. 건축사의 생각은 의견이지만 지관의 말은 명령과 같다.

그렇게 지관이 배치를 결정할 때 근거로 제시하는 것은 주인의 길흉과 관계된 운명적 판단 때문이다. 집의 방향은 그곳에 사는 사람의 운명을 좌지우지할 정도로 중요하다고 믿었다. 웃기지 않는 소리라고? 건축사인 필자도 배치가 그 사람의 운명을 좌지우지하는 것까지는 아니더라도 설계의 성패를 결정할 만큼 중요하다고 여긴다. 그래서 아직도 사람들이 지관을 따로 만나는 이유일 것이다. 그래도 이제는 배치를 제발 건축사와 상담하기를 바란다. 지관은 전통사회로.

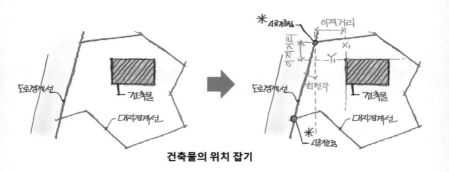

건축물의 위치 잡기

　건물을 어느 쪽에 앉힐 것인가를 결정했다고 배치가 끝나는 것이 아니라 도면 위에 그 건물을 정확하게 그릴 수 있어야 한다. 계획하는 단계에서는 건물의 위치를 정확하게 그리는 것이 아니라 계획의도에 맞추어서 적당히 그려보는 것만으로도 만족할 수 있다. 하지만, 필자의 경우에는 처음부터 비교적 정확하게 위치를 잡으려고 시도한다. 건물의 축을 잡는 것은 계획의 가장 기본적인 기준을 정하는 것이기 때문이다. 이를 위해서 건물의 위치를 지적도에 어떻게 표현할 수 있는지를 알고 있어야 한다. 건물의 위치를 도면에 그리는 것은 수치로 위치를 표현할 수 있어야 하며, 이는 건축설계의 기본이다.

대지 위에 건물 위치를 표시하기 위한 건물의 가로와 세로의 축을 설정하는 것이 배치계획에서는 중요한 일이다. 물론 최근에는 축을 설정하기 어려운 자유 곡선을 하고 있는 디자인도 있다. 여기서는 가로축과 세로축이 있는 직교 된 형태의 건축물로 이야기를 시작한다.

건물의 위치를 잡기 위해서는 대지 경계선의 절점에서 두 개의 기준점을 잡아야 한다. 이미 수학에서 배웠듯이 두 개의 기준점은 하나의 직선을 그릴 수 있는 기준이 된다. 이를 시공기준점이라고 하는데 배치도에서 이 두 개의 시공기준점이 없다면 정확한 위치에 건물을 놓을 수 없다. 간혹 기준선을 동서남북을 가리키는 방위축으로 잡는 경우도 있다. 하지만 방위축은 현장에서 오류가 많다. 반드시 지적점으로 기준을 잡는 것이 좋다.

이 기준점은 배치계획을 시작할 때부터 미리 정해 두는 것이 좋다. 시공기준점을 정하면서 건물의 배치가 어디를 기준으로 생각해야 하는 지가 마음에 정해지기 때문이다. 최종적으로 작성된 도면에서도 이 시공기준점이 명시되어있는지를 확인하는 것이 필요하다. 최종적으로 건물의 위치는 숫자로 확인할 수 있어야 한다. 허가받은 위치와 실제 시공이 1미터 이상 달라졌다면 설계변경을 해야 하는데 공사 중에 설계변경을 하는 것은 공사일정에 지장을 주고 공사비에 영향을 줄 수도 있다.

배치를 확인하는 것은 설계의 시작이면서 마무리이기도 하다.

08

스페이스 프로그램

건물을 배치하기 위한 외부공간구상이 마무리되었다
면, 이제 구체적으로 건축물 내부공간을 구성하기 시작한
다. 내부공간을 구성하는 과정에서 외부공간에 대한 생
각이 바뀌어서 배치가 달라질 수도 있다. 그것은 자연스
러운 과정이다.

실내의 공간구성을 준비하기 전에 해야 할 일은 필요한
공간을 면적으로 정리해 보는 것이다. 설계는 생각을 그림
과 숫자로 정리하는 일이다. 앞으로는 생각을 문학적인 표
현으로 말하는 것을 자제해야 한다. 평소에 사용하던 일
상적인 언어습관은 건축공간을 가지고 대화를 하는 데는
매우 부정확한 표현이 많다. 예를 들어서 좁아 보인다든
가 노란색이 좋다든가 하는 표현을 숫자와 그림으로 표현
하는 노력을 해야 한다. 그 첫 번째 과정이 침실, 거실, 화

장실, 주방과 같은 필요한 단위 공간을 면적으로 정리해
보는 것이다. 이때 복도와 계단과 같은 불확실한 부분은
건축사의 도움을 받으시라.

실명	면적(평)	용도	비고
현관	1.0		신발장. 깔끔한 이미지
거실	4.5		천정이 높았으면 좋겠다
주방	3.0		거실에서 보이지 않도록
합계			

이렇게 용도에 의해 필요한 실을 면적으로 정리하는 것
을 스페이스 프로그램이라고 한다. 작고 단순해 보이는
살림집의 설계에서도 스페이스 프로그램을 잘 만들어보
는 것은 평면구성을 잘하기 위한 기초적인 준비과정이다.
　여기서는 살림집 설계를 염두에 두고 있으므로 살림집
의 계획을 중심으로 기술할 것이다. 가장 기본적으로 공
간의 크기를 정하기 위해서는 지금 생활하고 있는 집에서

의 공간의 가로와 세로의 길이를 재어보고 그것을 기준으로 다음에 살 집에서의 공간의 크기를 적어보는 것이다. 이제 눈치를 채셨겠지만, 건축자재상으로 가서 줄자를 하나 장만하시라. 가신 김에 건축자재상을 이리저리 구경해보시는 것도 좋겠다. 이제 주변에 있는 건축자재상 하나쯤은 알아두시는 것도 좋다. 공간의 크기를 적을 때는 벽체 중심선이 기준이라는 것은 이미 앞에서 언급하였다. 무슨 말인가 싶으면 1부의 '공간의 크기'를 한 번만 다시 읽어주시라.

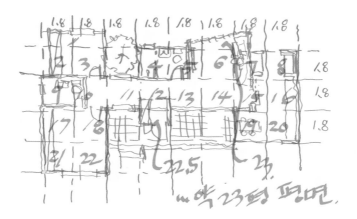

　　정부에서는 미터법을 기본으로 하지만, 현장에서는 여전히 자尺, 30㎝와 평坪, 3.3㎡으로 이야기하는 경우가 많다. 살림집의 계획에서는 주로 90센티미터의 모듈을 즐겨 사용한다. 90센티미터는 적당한 통로의 폭이기도 하다. 그리고 90센티미터 각의 정방형은 0.25평이 된다. 즉, 한 변이 1.8미터인 정사각형의 공간이 한 평이다. 물론 면적의 표현은 제곱미터를 사용해도 된다. 처음에는 어려워 보이지만 줄자로 방과 거실과 화장실을 재면서 적어보면 익숙해진다. 한번 해보시기를 권한다. 내 집을 구상하기 위한 준비이다.

09

있는 것들을 적어보자

새로이 살림집을 짓게 되면 또한 새로이 장만할 것들이 많다. 침대며 텔레비전이며, 또 새로이 차를 구입하고 싶어질지도 모른다. 어쨌거나 이렇게 새로이 구입하는 것은 아직은 소유하고 있는 것이 아니니까 계획하면서 결정하면 될 일이다.

충분히 사전에 고려해야 할 것은 이미 집안에서 쓰고 있는 물건들이다. 이 가운데 새로이 짓는 집에서도 사용할 물건들은 그 크기를 재어서 꼼꼼히 기록을 하기 바란다. 텔레비전, 냉장고, 책상, 책장 등 다시 집에 들여놓을 물건들은 크기를 적어서 건축사에게 전해주자. 특히 부피가 있는 냉장고와 책상 책장 등은 공간의 크기에도 영향을 주고 조명의 배치계획에도 영향을 준다.

공간은 사람을 위해서만 사용하는 것이 아니다. 책상이 있으면 조명이 필요하고, 조명을 설치하려면 콘센트가 필요하다. 역시 침대를 설치할 때에도 공간의 가로 세로의 크기에 영향을 준다. 버릴 것이 아니라면 모두 그것의 크기를 숫자로 적어보고 건축사에게 도면 안에 표현해 줄 것을 요청하는 게 좋겠다. 계획을 한다는 것은 그런 것을 예상하기 위한 것이다.

평소에 침대는 크기가 다 똑같다고 생각했을지도 모른다. 실제로는 다양한 크기의 침대가 있다. 우리 가족이 사용할 침대의 크기도 미리 판단하는 것이 좋다. 그것들이 모두 설계의 조건으로 작용한다. 최근에는 세탁기 외에 건조기도 가정에서 많이 사용하게 되었고, 냉장고의 종류도 다양해져서 그런 가전제품이 있어야 할 자리를 고려하는 것도 설계의 조건이 되었다.

건축사의 입장에서 걱정해야 하는 것은 건축사도 경험하지 못한 건축주의 특수한 취향에 의한 장비들이다. 그런 것의 특징은 잘 알려주시는 것이 좋다. 필자의 경우는 골프를 치지 않기 때문에 미리 말해주지 않는다면 골프채를 둘 공간을 고려하지 않는다. 건축주도 그런 것 정도는 적당히 남는 공간 구석에 두면 되는 거지라고 생각할지도 모른다. 하지만 신축하는 건데 기왕 한 번만 더 고민하면 골프채를 보관하는 공간을 현관 한쪽에 만들어두는 것이 어렵지 않을 것이다. 그러기 위해서는 그 사이즈를 재어서 건축사에게 툭 던져 보시기 바란다.

아, 잊을 뻔. 요새는 또 반려동물을 기르는 가정이 많아졌다. 그런 경우에도 계획 시 미리 알려주는 것이 좋다. 반려동물을 위한 특별한 문을 제작한다든가 특별한 공간을 배려해야 할 수도 있다. 이왕에 신축건물인데 반려동물에게도 맞춤 공간을 계획해주면 좋을 것이다.

이제 무엇을 걱정하는지 알 것이다. 집을 설계해달라고 하기 위해서 설계의 조건을 챙기는 과정이다. 지금 우리 집

에, 지금 나의 살림에 무엇이 있는지를 챙겨보자. 그리고
집을 계획할 때 그것을 고려할 수 있도록 건축사에게 요구
하도록 하자. 설계의 조건은 미리 체크하는 것이 좋다.

10

공간계획의 기본원칙

공간계획이라는 것은 수학과 같이 정답을 추구하는 논리로 이루어지는 것이 아니라 변수가 많은 다양한 감각이 요구되는 작업이다. 하지만 그렇다고 해서 감각만으로 공간계획을 하는 것은 위험한 생각이다. 공간계획은 정답이 없다고 해도 항상 논리적인 이유를 따지면서 풀어나가야 한다는 점에서는 수학과 비슷하다.

여기서의 공간계획은 대부분 평면계획에 해당한다. 하지만 평면계획이라는 것이 이름과는 달리 공간적이고 입체적인 문제를 포함하여 고민해야 하기 때문에 여기서는 공간계획이라고 하고 있다. 원칙이라고까지 말할 수는 없지만, 공간계획 시 주의했으면 하는 기본적인 생각을 적어본다.

첫 번째, 효율적인 공간계획을 위해서는 출입구의 위치를 서로 가까이 두는 것이 좋다. 출입구를 가까이 두는 것은 적은 면적 안에서 많은 유효공간을 만드는 방법이다. 보이지 않는 동선은 문과 문으로 이어져 있다. 동선으로 이용되는 공간이 적을수록 목적을 가지고 사용할 수 있는 유용한 공간이 많아진다.

두 번째, 공사비를 절감하기 위해서는 벽체 길이의 총합이 짧도록 계획하는 것이 좋다. 공사비는 매우 현실적인 문제이기 때문에 무시할 수 없는 조건이다. 자재비는 물량에 단가를 곱하는 형식으로 구한다. 그래서 물량이 적을수록 자재비가 줄어드는 것은 당연하다. 면적이 같더라도 벽체 길이가 길다면 당연히 공사비는 증가한다.

세 번째, 공간을 구상할 때는 반드시 벽두께와 마감으로 인해서 줄어드는 치수를 고려하여야 한다. 1부에서 이미 언급하였지만 재차 강조해본다. 벽 두께를 고려하지 않고 계획을 하였다면 오랜 시간을 들여서 고민하였던 것을 전부 폐기하고 다시 계획해야 한다. 반대로 내부 마감재의 물량을 뽑을 때는 내부 치수로 산출하는 것이 좋다. 특히 타일과 같은 단가가 높은 부분에서는 중심선으로 산출하는 것과 차이가 많이 날 수 있다.

네 번째, 특별한 경우가 아니라면 통상적인 공법을 활용하는 것이 좋다. 주위에서 흔히 볼 수 있는 공사방법이야말로 수없이 많은 시행착오를 거쳐서 가장 효율적이라고 입증된 방식이다. 특별하거나 독창적인 시공방법은 항상 더 많은 비용을 요구하기도 하고 예측 못 한 하자를 불러일으키기도 한다. 먼저 선구자가 되려고 할 필요는 없다.

다섯 번째, 특히 평면계획의 과정에서는 절대 입면이나 형태에 대해서 고민하거나 예상하지 말자. 평면계획에서는 오로지 모든 생각을 공간의 기능적인 문제에 집중해야 한다. 여기서의 공간의 기능이란 동선의 문제, 면적의 문제, 가구 배치의 문제, 적절한 창호의 위치와 폭의 문제 등을 포함한다. 이 외에도 기능적인 문제 해결 이상으로 정서적인 부분이나 개인적인 취향과 관련한 부분까지 평면계획에서 같이 고민해야 한다. 이를 입면이나 형태에까지 결부시켜서 고민하는 것은 처음으로 집을 지어보려는 건축주에게는 불가능한 일이다.

　건축사와 공간계획을 같이 해보기 위해서 이 정도의 생각은 염두에 둘 필요가 있을 것이다. 집을 구상하고 짓는 것은 취미 삼아 해보는 도전과 같은 것이 아니다. 많은 비용을 고려해야 하는 중요한 경제활동이다. 건축자재를 하나 잘못 선택하면 단지 후회로 그치는 것이 아니라 그만한 비용이 지출되어야 한다. 좋은 계획과정은 그런 실수를 줄일 수 있는 기회가 되어야 한다솔직히 실수를 없앨 수 있다고는 못하겠다.

11

꿈과 현실

　　건축주 가운데에는 생각하는 평면을 직접 그려서 찾아오기도 하고 드물지만 모형까지 만들어 오기도 한다. 하지만 대부분 건축사와 설계를 진행해보면 혼자서 그려본 도면이 현실에서 지을 수 있는 집과는 많이 다르다는 것을 깨닫게 된다. 당연하다. 낙담하지 말자.

건축사는 공간적인 꿈을 현실의 문제와 만나도록 해서 꿈을 이룰 수 있는 효율적인 길을 모색하기도 하고 때로는 그 꿈의 오류를 찾아내어 일부 혹은 전부를 포기하도록 권유하기도 한다.

설계를 한다는 것은 생각을 숫자로 환원시켜 표현하는 것이다. 공간에 대한 꿈을 숫자로 그려나가는 과정이 쉽지 않다. 안타깝지만 숫자로 환원할 수 없는 꿈은 포기하라고 권유하는 것도 건축사의 중요한 업무이다. 자기 생각을 건축사가 이해하지 못한다고 흥분하지 마시길. 건축사도 그런 꿈을 꾸다가 수십 번을 좌절하고 포기해본 사람이다.

현대사회에서는 숫자를 자본을 상징하는 것으로 이해되는 경우가 많다. 냉정하지만 그것도 현실이다. 그런데 현실에서의 숫자는 수학에서의 가감법과는 조금 다르다. 마치 조삼모사朝三暮四의 이야기처럼 같은 일을 했는데도 비용이 다르게 산정되는 경우가 없지 않다.

예를 들어서 오른쪽에 있는 물건을 왼쪽으로 옮겼다가 위치가 맘에 안 들어서 다시 오른쪽으로 옮겨놓으면 비용이 발생하는가? 당연히 발생한다. 물건은 원래의 제자리에 있는데 그것을 옮기느라고 일을 했기 때문이다. 잘못된 지시에 의한 후회는 반드시 금전적인 손실을 만들어낸다.

싱크대를 주문할 때 싱크볼의 위치가 맘에 안 들어서 왼쪽으로 옮기고 왼쪽에 있던 전기레인지를 오른쪽으로 바꾸어서 만들어달라고 요청했다면 이분은 무슨 실수를 하였을까? 싱크볼의 위치는 수전과 배수구의 위치와 관련이 있다. 그러면 현장에서는 설비기사를 다시 불러서 수전과 배수구의 위치를 조정해야 할 수도 있다. 전기레인지는 전용전기선을 사용해야 한다. 역시 전기기사를 불러서 전용 콘센트의 위치도 바꿔야 할 수도 있다. 그리고 작업대의 위치가 바뀌었으므로 등기구의 위치도 바꿔야 할 수도 있다. 이러면 단순히 싱크대를 바꾸려고 했던 일이 대대적인 추가공사비가 발생하게 되는 것이다. 그래서 모든 계획은 모두 사전에 이루어져야 한다.

생각을 공간계획에 반영해야 할 시점을 놓치지 않기를 바란다. 현장에서는 계획한 대로 공사가 진행되는지를 감시하는 일만을 해야지 현장에서 설계하면 예상치 못한 일들이 연쇄적으로 발생할 수 있다. 물론 사람이 하는 일이라 현장에서 계획을 수정하는 일이 없을 수는 없겠지만

그래도 충분히 검토한 상태에서 약간의 변경을 하는 것과
현장에서 떠오르는 생각대로 하는 것과는 천지 차이가
난다.

　구체적인 공간으로 꿈을 그려가는 과정은 반드시 건축
사의 경험과 같이하는 것이 좋다. 같이 해보면 꿈을 그림
과 숫자로 표현하는 일이 재미있기도 하고 점점 꿈과 현실
의 간극이 좁혀지고 있음이 느껴지기도 한다. 단 그 계획
의 시간은 건축허가를 받기 전에 끝내야 한다.

12

창문

공간계획을 할 때 가장 흥미로운 부분이 아마 창의 선택과 위치선정이 아닐까. 우리에게 창이라고 하면 떠오르는 것이 유리의 이미지일 것이다. 아마 유리라는 것이 발명되기 전에는 창이란 존재의 가치는 그리 중요하게 여겨지지 않았을지도 모른다. 비와 바람을 막아주면서 빛을 투과시켜서 외부를 바라볼 수 있게 하는 창의 기능은 이제 건물에서는 빼고서 생각할 수 없는 중요한 요소가 되었다.

창의 가장 기본적인 기능은 채광과 조망과 환기다. 채광과 조망과 환기를 위해서는 일단 창이 큰 것이 좋겠지만 창이 크면 단열에 취약하기 때문에 냉난방 비용을 줄이기 위해서는 창이 크지 않은 것이 좋다. 거실의 창은 크게 하면서 침실의 창은 조금 작게 하는 이유가 위와 같은 개념에 따른 것이기도 하다.

벽체와는 달리 창에서 취약한 것이 단열이기 때문에
단열성능을 높이기 위한 각종 방법들이 고안되어 지금의
창문은 80년대의 창과는 비교가 안 될 정도로 그 성능이
향상되었다. 창의 단열을 이해하기 위해서 기본적인 재질
을 상식적으로 언급해본다.

지나치게 큰 창, 특히 북쪽으로 낸 창은 단열에 취약하
다. 그리고 알루미늄과 같은 금속 재질은 단열에 취약하
다. 주택에서 단열에 취약한 창의 선택은 결로의 원인이
된다. 창호의 선택은 단열에 문제가 없으면서 조망과 환기
를 만족시키는 방향이 되어야 한다. 단열을 보완하기 위

- 창 -
안과 밖의
공간에 있으면서
안으로는
기능을
밖으로는
멋을 노하게 하려
은근 까다로운 녀석들...

한 여러 가지 단열제품이 있지만 가격까지 고려할 때 필자는 살림집에서는 플라스틱 재질을 선호하는 편이다. 간혹 미적인 고려를 해야 할 경우에는 단열성능이 고려된 알루미늄 창호를 사용하기도 하지만 강추하지 않는다.

유리의 경우는 단열을 위해서 유리 두 장을 겹쳐서 만든 복층 유리를 주로 사용한다. 최근에는 석 장의 유리를 겹쳐서 만든 삼중 유리가 사용되기도 한다. 단열성능에 대해서는 두께별 실험 데이터를 통해 확인이 가능하다.

아직까지는 단열에 대해서는 창호에 대한 기술적인 맹신을 하지 않는 것이 바람직하다. 단열에 대응하기 위해서는 창의 면적을 줄이는 게 최선이다. 그게 아니라면 이중창을 사용하는 게 차선책이다. 편이성을 고려해서 굳이 단창을 하겠다고 한다면 시스템창으로 불리는 기밀성 창호에 삼중 유리를 적용해야 할 것이다. 물론 비용은 증가한다. 몸이 불편하면 비용을 아낄 수 있고, 몸이 편하고 우아하게 살고 싶다면 비용을 더 많이 지출해야 하는 것은 어쩔 수 없다.

창문의 기능적인 부분은 평면에서 먼저 기능을 고려한 합리적인 방향으로 체크하는 것이 좋겠다. 창은 입면을

구성하는 중요한 요소이기도 하지만 입면을 위해서 창의
중요한 기능을 포기하는 것은 결코 바람직하지 않다. 잊
지 말자. 창은 채광과 환기와 조망을 위한 것이며 재질의
선택은 단열을 고려해야 한다.

13

단열

건축환경에서의 열은 뜨거운 열기만을 말하는 것이 아니라, 차가운 냉기까지도 열이라고 한다. 단열재는 그런 열기와 냉기를 차단하는 데 효과적인 재료를 말한다. 좋은 보온병에는 찬물을 넣든 뜨거운 물을 넣든 외부에서는 온도변화가 없는 것과 같다. 보온병도 역시 단열성능을 높게 만들어 내부의 열기가 밖으로 전달되지 않는 것이다.

최근 에너지 절감을 위한 단열의 중요성이 많이 강조되고 있다. 건축물의 단열방법에는 외부단열과 내부단열 두가지의 방식이 있다. 외단열에는 자연으로부터의 냉기와 열기를 차단하는데 유효한 반면 내단열은 내부에서 인공적으로 만들어진 열기와 냉기가 외부로 빠져나가는 것을 막는데 유효하다.

보통 패시브하우스에서는 외단열의 중요성을 강조한다. 외부의 열 환경을 차단하기 위한 외단열은 단열의 기본이다. 하지만 내부단열의 중요성도 간과하지 않는 게 좋다. 만약에 냉난방을 전혀 하지 않는다면 외단열을 잘하는 것이 중요할 것이다. 하지만 이미 우리 살림집에서는 적정온도를 유지하기 위해서 냉난방의 기계적 장치를 가동하고 있다. 이때 발생시킨 열기와 냉기가 밖으로 빠져나가지 않도록 차단시키는 것이 내부단열이다.

내부단열과 외부단열 중에 어느 게 더 효과적인지에 대해서는 토론을 하지 않기 바란다. 그 둘의 역할이 다르기 때문이다. 군인과 경찰 중에 더 국가안보를 위해 누가 더 중요한가라는 질문과 같다. 한쪽은 외부방어를 담당하고 한쪽은 내부치안을 담당하고 있을 뿐이다. 적절하게 단열 특성에 따라 내외부에 단열재를 안배하는 것도 건축의 지혜이다.

단열을 잘한다는 것은 건물을 기밀하게 만든다는 것이다. 통풍이 잘되면 당연히 단열은 하나 마나이다. 보온병에 구멍이 있다고 생각해보라. 당연히 보온이 안 된다. 단열이 기밀하지 않고 단열재가 불연속으로 될 때 그 틈에

열교Thermal Bridge현상이 일어난다고 한다. 열교현상은 그 부근으로 곰팡이가 발생할 수 있고, 애써 난방한 열기가 빠져나가기도 하기 때문에 시공 시 주의해야 할 부분이다. 좋은 단열재를 사용했음에도 불구하고 구멍 난 옷을 만들지 않도록 조심해야 한다.

무의식중에 건축물에 구멍 난 옷을 입히게 되는 사례를 들어보자. 간혹 지붕의 우수관이 외부에 보이는 게 싫어서 콘크리트 구체안에 설치하는 경우가 있다. 빗물이 흐르는 주변으로 냉기가 흐르면서 단열을 무색하게 만들어버린다. 에어컨 배관이 밖에서 보이는 게 싫어서 단열재를 잘라내서 배관을 단열재 안에 매립하는 경우도 있다. 역시 단열면이 차단되면서 열교가 발생할 수 있다. 외벽 단열재를 시공하였는데 보수한다면서 틈새를 모르터로 메우는 경우가 있다. 역시 열교를 발생시킨다. 최소한 외부용폼으로 채워야 한다.

14

형태계획

　　형태계획을 설계과정에서 가장 나중으로 두는 것은 그것이 중요하지 않아서 그런 것이 아니다. 오히려 형태계획이야말로 건축계획을 하는 이유이며 결과물을 고민하는 시간이다. 과장하자면 이제까지 계획과정에서의 모든 판단과 고민은 형태계획을 위한 조건을 만들어주기 위한 것일 뿐이다. 평면계획이 중요하다고 하신 분 어디 가셨어요?

　　대개 주위에서 설계가 잘 되었다고 회자되는 건물들은 형태계획이 잘 되었다는 이유로 평가받는 경우가 많다. 그래서 건축물의 최종적인 평가는 이 형태계획에서 이루어진다고 보아도 무방하다. 다만 후회 없는 형태계획을 하기 위해서는 형태를 구상하기 전에 그 조건을 면밀하게 따진 후에 형태계획에 임해야 한다는 것을 강조하고 싶다. 준비운동 없이 바로 다이빙하면 수영하는 재미를 보기 전에 물맛만 실컷 보게 된다.

　건축물의 형태를 계획하는 과정은 연필로 사물을 스케치하는 것과 비슷하다. 처음에는 윤곽을 먼저 그리고 서서히 세부적인 질감에 대한 판단을 하는 것이 일반적이다. 그래서 건축물을 포장하기 위한 건축 마감재료를 결정하는 것은 형태계획의 맨 마지막 단계에서 이루어지는 것이 바람직하다. '나는 벽돌이 좋아요'라고 미리 말하지 말자. 디자인에서 선입견을 갖는 것은 금물이다.

　형태계획은 상상으로 하기보다는 축소모형이나 컴퓨터

모델링을 통해서 진행하는 것이 좋다. 건축사에게 평면을 입체적인 모습으로 보여달라고 요청할 필요가 있다. 모델링 화면을 보면서 볼륨-색상-재료의 순으로 건축사와 같이 토론하면서 결정해보자.

주의할 것은 이때 평면계획에서 고민한 공간적인 내용을 형태계획을 하면서 수정하지 않아야 한다는 것이다. 가급적 형태를 위해서 평면계획을 바꾸지 않기를 바란다.

디자인을 논의할 때는 눈으로 볼 수 있는 시각적인 자료를 가지고 대화하는 것은 중요하다. 단순한 색상 하나

만도 말로 설명하려고 하면 제대로 전달하기가 어렵다. 주변에서 볼 수 있는 비슷한 건축물과 인터넷에서 참고할 수 있는 건축물을 검색해서 마음에 드는 디자인을 자주 건축사에게 보여주는 것도 좋은 대화의 방법이다. 물론 비현실적이라는 말로 거부당하는 일도 있을 것이다. 그래도 들이대시라. 그러면 점점 현실에 가까워진다.

15

허가도면

계획설계가 마무리되면 그다음 단계로 건축사는 건축허가를 받기 위한 도면을 작성하게 된다. 이 과정은 디자인과 관련된 일이라기보다는 법규확인을 포함하여 전기, 설비, 구조계산 등 주로 기술적인 내용들을 정리하는 작업들이다. 이러한 도면작성 과정에서는 건축주가 고민할

부분보다는 대개 건축사의 업무가 대부분이다.

건축허가도면의 작성을 위해서 건축사는 관련 기술자들과 협업을 진행한다. 기본적으로 구조설계, 기계설비설계, 전기통신설계 등이 협업에 참여한다. 계획하는 과정에서 건축사에게 요구하였던 변기의 위치 조명의 위치에 따라서 그것을 설치하기 위한 배관과 배선을 어떻게 하는게 좋을지를 도면으로 그리게 된다.

이 과정부터는 건축사사무소의 내부적인 업무 범위를 벗어나기 시작하므로 건축주 역시 이때 계획을 변경하는 것은 바람직하지 않다. 부득이 후회막급하여 꼭 바꾸고 싶은 내용이 있다면 빠르고 분명한 것이 좋다. 건축사도 협의를 하지 않고 웬만하면 수용할 것이다. 협력업체에서 작업을 중단하고 새로운 변경내용이 오길 기다릴 것이기 때문이다.

그러면 건축허가도면은 건축주와 합의한 내용 그대로 허가가 났을까? 반드시 그렇지는 않다. 허가도면은 건축물이 건축법에 적합하게 설계되었음을 증명하는 과정이다. 그래서 계획과정에서 합의했던 내용인데 기준에 적합하지 않아서 허가과정에서 변경되는 일이 생길 수도 있다.

때문에 건축주는 건축허가가 났다고 하면 허가도면의 내용이 계획 때 알고 있던 내용과 달라진 점이 없는지 건축사에게 묻고 확인해야 한다.

건축주 중에는 서둘러서 착공하려는 욕심에 건축허가만 떨어지면 바로 공사계약을 해야 한다고 도면을 달라고 하는 경우가 있다. 하지만 서두르지 말고 허가도면의 내용이 그동안 계획한 내용과 달라진 점은 없는지 확인하는 시간을 갖는 게 좋다.

도면은 일반적으로 건축개요, 면적표, 실내재료마감표, 평면도, 입면도, 단면도의 순으로 작성된다. 도면배열의 기본순서는 아래의 원칙을 따른다. 이 정도를 염두에 두는 것으로도 도면에서 필요한 내용을 찾아보는 데 도움이 된다.

1) 외부공간에서 내부공간으로 배치도⇒조경주차계획⇒면적표⇒실내마감표⇒기본도면[평면, 입면, 단면]

2) 공사의 순서대로 지하층평면⇒지상층평면⇒지붕평면

3) 전체에서 부분상세로 평면도, 입면도, 단면도⇒창호도, 화장실상세도, 계단상세도

　건축허가 도면을 확인하셨는가? 그러면 순진한 눈빛으로 건축사에게 물어보기를 바란다. '이제 도면에 무엇을 더 그릴 생각이슈?' 서두르지 말자. 서두르면 오히려 손해 볼 수 있다. 차분히 건축사가 시공도면을 완성할 수 있도록 시간을 주자.

16

시공도면

시공도면은 허가도면을 기초로 해서 집을 실제로 지을 때 필요한 내용들을 세부적으로 정리하여 공사비를 산정하고 공사계약도 할 수 있는 도면을 말한다. 건축사사무소에서 최종적으로 납품받을 수 있는 도면이다. 건축주는 건축허가가 난 후에 건축물의 세부적인 재료와 치수를 의

논하고 정해서 도면에 추가로 반영해달라고 해야 한다.

　공사는 큰 비용이 들어가는 일이기 때문에 적절한 공사비를 정해서 계약을 진행하는 것은 너무도 중요하다. 공사비가 책정된 예산보다 너무 높게 나오면 공사를 포기해야 할 수도 있다. 물론 기획에 문제가 없었다면 우선 공사의 질을 유지하면서 공사비를 절감할 수 있는 방법은 없는지 검토해본다. 공사비를 조정하기 위해서는 현재 어떤 건축자재가 어떤 방식으로 시공하게 되어있는지를 확인해야 한다. 시공도면은 바로 그 내용을 도면으로 표현한 것이다.

　집을 짓는 모든 과정들이 수작업에 의존하던 때에는 도면으로 시공법을 표현하는 게 중요하였다. 지금은 대부분 기성품을 활용하고 있다. 난간의 예를 들자면 예전에는 철판이나 각관을 가지고 용접과 조립, 도색 등의 과정으로 난간을 만들었다면 지금은 대개 기성제품의 난간 중에 선택해서 조립한다. 기성품은 제작방법을 정확히 그리기보다는 제품명과 유용한 치수를 기입해주는 것만으로도 적절한 시공이 가능할 것이다.

　다만 앞서도 언급하였지만, 일반적으로 건축사는 구체

적인 제품을 지정하는데 소극적이기 마련이다. 재료에 대한 담합의 오해를 받기 싫기 때문이다. 내 집에 쓰고 싶은 특별한 재료가 있다면 적극적으로 제품정보를 건축사에게 제시하는 것이 좋다. 건축사에게 그냥 맡기고 싶다고? 그래도 된다. 그렇게 하라고 권하고도 싶다. 그래도 원하는 재료가 있다면 구체적인 재료의 명기를 요구하는 것은 건축주의 몫이다.

결과적으로 최종 도면에는 어떤 건축자재를 원하는지 명확히 적혀있는 것이 바람직하다. 자재의 기입방식에는 세 가지의 선택이 있을 수 있다. 건축주 지정제품인지 A사의 ○○번 제품인지, 아니면 공사비 제외품목인지. 기성제품의 경우에는 필요하다면 도면으로 그리는 것보다 사진 자료를 활용하는 것이 시공자뿐만 아니라 건축주에게도 정확한 내용을 전달하는 방법이 될 수 있다.

시공도면은 어떠한 경우가 되더라도 그게 공사과정이 아니라 공사계약을 하기 전에 의논해서 마무리되는 것이 바람직하다. 공사비는 공사규모와 공사의 질에 의해 결정된다. 하지만 공사의 질을 떨어뜨리는 것보다는 공사규모를 줄이는 것이 바람직할 것이다. 그러한 판단들이 설계

자와 시공자 그리고 건축주간의 합의에 의해서 도면이 최
종적으로 정리되었을 때 비로소 공사계약을 하기 위한 도
면 준비가 되었다고 할 수 있다. 시공계약은 그 모든 내용
이 확인되고 정리된 후에 진행하는 것이 바람직하다.

17

공사계약

　건축주는 시공예정자들로부터 예상 공사비견적을 받고 나서 각 시공사와 면담을 해보고 공사계약을 진행하게 된다. 시공자와의 면담 과정에서 도면을 수정할 내용이 있다면 건축사에게 그 부분을 정정하게 하여 최종적인 공사계약용 도면으로 완성되도록 해야 한다. 공사용 도면을 확인할 의무는 계약당사자인 시공사에게도 있다. 그래서 공사계약 전에 시공자가 도면의 내용을 정확하게 이해하고 있는지 설계자와 건축주, 시공예정자가 같이 모여서 도면을 확인하는 시간을 갖는 게 좋다. 시공자 역시 시공하기 곤란한 내용이 있다면 계약 전에 정정요구를 하여야하며, 그러한 정정요구 없이 공사 중에 이의를 제기하는 것은 정당하게 거부 될 수 있다.

　최종 결정된 도면은 현장에서 사용할 원본 1부와 건축

주의 보관용 1부 그리고 시공자의 보관용 1부로 최소한 3부를 건축사로부터 제출받게 된다. 앞서 언급한 것처럼 시공계약이 이루어진 후에는 도면작성 프로그램을 이용하여 도면을 수정하는 일은 신중히 해야 한다. 공사계약에 사용될 설계도면의 작성은 시공계약과 동시에 작업을 멈추는 것이 바람직하다. 다시 강조하지만 설계도면의 원본을 재작성하는 것은 도면 관리상 위험하다. 시공 이후의 도면 변경은 필히 건축사의 협의 과정을 통해서 수기로 작성하여 보관하는 것이 중요하다.

건축 허가도면은 법적 구속에 대한 확인을 받은 도면이다. 그래서 현장에서의 변경은 법적 규제에 대한 확인과정을 거친 후에 승인받아가면서 진행해야 한다. 가급적 현장에서의 수정을 손으로 할 것을 권하는 이유는 이러한 초기의 허가내용에 대하여는 공사가 끝날 때까지 확인할 수 있어야 하기 때문이다. 손으로 수정한 것은 눈에 띄기 때문에 중간에 무엇을 변경하였는지 그 사항을 확인하는 것이 용이하지만 수정을 컴퓨터로 급하게 하다 보면 어느 게 원래 계획인지를 확인하기가 어려워진다. 초기 계약 시의 도면을 원본으로 보관하는 것은 계약서를 보관하는 것만큼이나 중요하다. 아, 공사계약서는 공사가 끝날 때까지 잘 보관해야 한다. 너무 중요하다.

건설회사의 경우에는 현장에서 상황에 맞게 시공도면을 그릴 수 있는 인력을 배치하기도 한다. 하지만 대개의 소규모 공사현장에서 이루어지는 개인시공업자의 경우에는 시공도면의 작성을 기대하기는 어려운 게 현실이다. 이런 경우에는 색상이 있는 펜으로 변경사항에 대해 날짜와 함께 합의된 내용을 도면에 표기해두는 것이 좋은 방법이다.

　건축물을 설계하는 것을 직업으로 하다 보면 설계하는 것보다 디자인된 건물을 만드는 과정이 더욱 어렵고 중요하다는 생각이 든다. 특히 소규모의 현장에서 도면에 대한 이해의 부족과 잘못된 관행 등이 복합되어서 분쟁이 종 종 일어나고는 한다. 그러한 분쟁이 발생하지 않기 위해서는 건축주나 시공자나 사전에 도면에 대한 충분한 이해가 선행되어야 한다. 그리고 분쟁이 발생하였을 경우에 어떻게 해결할 것인가를 서로 분명하게 약속을 하고 시공을 진행하는 것이 바람직하다.

18

직영공사와 도급공사

건축공사의 종류에는 건설회사와 계약하여 진행하는 도급공사와 건축주가 직접 공사하는 직영공사가 있다. 건축주는 공사계약을 직영으로 하고서도 도급으로 계약한 것으로 오해하는 경우가 많다. 특히 종합건설면허가 요구되지 않는 소규모현장에서 주로 적용되는 직영공사에 대

해서만 언급해본다.

직영공사는 건축주가 직접 공사하는 경우이다. 그런데 현실적으로는 시공자를 선정하고 공사계약을 했음에도 착공신고 시에 건축주를 시공자로 신고하고 직영공사로 진행하게 되는 경우가 많다. 이런 경우에 건축주들은 시공자와 공사계약을 하고서도 자신이 법적으로는 시공자로 신고되어있음을 모르는 경우가 많다.

주의할 것은 직영공사에서의 시공자는 건축주 자신이기 때문에 현장의 안전사고의 책임도 법적으로 건축주에게 주어진다는 점이다. 그리고 하자에 대한 책임 역시 건축주에게 있다. 시공자와 건축주가 같기 때문이다. 그래서 소규모 업체에게 직영공사로 시공을 맡길 때는 신뢰를 담보할 수 있는 성실한 업체를 찾는 것이 더욱 중요하다.

종종 공사계약을 하고 나면 건축주가 '을'이 된다는 말을 듣는다. 경험해보지 않은 사람은 이 말이 얼마나 뼈저리는 말인지 모를 것이다. 일단 공사가 시작되고 나면 공법이나, 공사 기간, 공사재료 등을 가지고 의견충돌이 있을 수 있다. 의견충돌의 이유를 들어보면 대개 추가공사비에 대한 불만이다. 누구의 말이 옳든 일단 의견충돌이

발생했다면 건축주가 공사현장에 익숙한 시공자의 주장
을 이겨내기는 쉽지 않다.

공사현장에서 실제로 시공한 건축업자와 분쟁이 생겼을
경우 건축주가 스스로를 방어하기는 쉽지 않다. 법정으로
가면 일 년, 이 년의 기간이 공사를 진행하지 못한 채 흘러
간다. 그 현장을 다른 시공자가 맡아서 공사를 진행하려고
도 하지 않는다. 건축주는 왜 현장에서는 나약한가? 그것
은 현장이 볼모로 잡히기 때문이다. 그래서 직영공사 현장
에서는 실제 시공자의 신뢰성이 더욱 중요하다.

시공자의 신뢰성이 불확실하다면 어쩔 수 없이 공사비
가 공사내용 이상으로 과지급<small>공사한 내용보다 비용을 더 많이 지불하
는 경우</small> 되지 않도록 견적서의 내용을 살피고 주의하는 것
이 그나마 차선책이다. 하지만 직영공사를 맡아서 해줄
업체를 선정할 때 그 업체의 신뢰할만한 내용을 알지 못
한다면 어떤 낮은 예상공사비를 제시하더라도 공사계약을
보류하라고 하고 싶다. 직영공사는 아직 법적으로 충분히
보호받기 어렵다.

신뢰할 수 있는 시공자가 없다면 건축사에게 시공자선
정을 위임해보라. 물론 필자처럼 괜히 시공자선정에 끼어

들었다가 오해받기 싫다고 거부하는 건축사도 있겠지만,
자신의 애정 어린 디자인을 완성 시켜줄 시공자를 찾아줄
건축사도 있을 것이다. 하지만 명심하자. 시공자의 잘못은
시공자 탓이지 소개해준 자의 탓이 아니다.

3부

좋은 집

01

설계방법론으로서의 대화

'less is more'는 위대한 근대건축가인 미스 반 데 로에가 자신의 건축디자인을 설명하기 위해서 말했던 짧은 경구이다. 가변적인 공간개념으로 유명한 그는 형태뿐 아니라 공간을 구상함에 있어서도 많은 것을 넣으려 하기보다는 함축적인 디자인을 추구하였고 공간을 다양한 기능으로 세분하려 하기보다는 여러 가지 가능성을 하나의 공간에 담으려고 하였다. 그의 선언적인 이 말은 장식 없이 간결한 그의 디자인을 설명하는 아주 적절한 표현으로도 알려져 있다. 이렇듯 근대의 건축사들은 어떤 건축을 지향함이 바람직한가 하는 것을 두고 많은 고민과 토론을 하여왔다.

하지만 언제부턴가 이런 의문이 들었다. 건축이 무엇인지 이렇게 선언적으로 말하는 것이 건축을 설명하는 올바

른 태도일까 하는 것이다. 아무리 훌륭한 건축사라고 하
더라도 그는 본인의 건축물을 디자인하는 것이 아니다.
그런데도 건축사가 일방적으로 건축이 이래야 한다. 저래
야 한다 하고 선언적으로 정의하는 것 자체가 이상하지
않은가. 건축이라는 것을 건축사의 작품이 아니라 건축사
와 건축주의 공동의 작품이라고 인식하는 순간 이런 선언
적인 태도가 건축물을 구상하는 데 얼마나 방해가 되는
독선적인 태도인지를 알게 된다.

　부르노 제비는 근대건축가의 이러한 태도를 독선적인
군대식 태도라고 규정하기도 하였다. 그럼에도 불구하고
건축주를 건축설계의 주체적인 위치로 끌어올리는 데 건
축설계자들은 매우 인색하여 왔다. 건축설계는 오로지
전문교육을 받은 그들만이 해야 하는 것으로 방어막을
쳐 온 것이다.

　시대는 많이 바뀌었다. 이제 건축설계가 건축사만의 불
가침적인 영역이라고 하기에는 시대가 많이 달라졌다. 만
약 건축사가 내 마음대로 설계할 테니 건축주는 그저 설
계비만 주면 된다는 식으로 말을 한다면 아무도 그에게
설계를 해 달라고 요청하지 않을 것이다.

　지금의 사회에서는 '내 집 갖고 네가 왜 그래?'라고 열심히 설계하고 있는 건축사에게 따지듯이 물을지도 모른다. 사실 디자인에 대한 욕구는 건축사만 가지고 있는 것이 아니라 사람이라면 누구나 가지고 있는 기본적인 심성이다. 건축주 역시 자신의 집을 자기가 디자인하고 싶다는 욕망을 갖게 되는 것은 너무도 당연하다. 설계자와 시공자의 영역은 점점 더 명확히 분리되고 있으나 설계자와 건축주의 영역은 오히려 점점 그 경계가 모호해지고 있다.

　건축주의 입장에서는 건축사의 미적 취향, 즉 건축철

학이 자신과 맞지 않는다고 여겨질 때 참으로 곤란하게
된다. 직접 설계할 수는 없는 노릇이고 건축사에게 쉽게
그 불만을 쉽게 털어놓지도 못할 것이다. 이 난관을 풀어
나갈 가장 현실적인 방법은 애초에 건축주가 자신과 미적
취향과 건축철학이 맞는 건축사를 찾아서 디자인을 의뢰
하는 것이다. 하지만 이 역시도 쉽지 않은 일이다. 어떻게
건축주가 갑자기 자기와 잘 맞을 것 같은 건축사를 찾는
단 말인가. 그렇다고 집 지을 때를 대비해 미리 건축공부
도 하고 건축사를 검색하고 다닐 수도 없지 않은가.

건축주가 자기에게 필요한 건축사를 찾기가 어려운 점이 안타까운 것은 건축사도 마찬가지이다. 건축사도 자신의 디자인을 건축주가 이해하고 동조해줄 때 더 훌륭한 디자인을 완성할 수 있다. 건축사도 건축주의 선택을 기다려야 하는 하나의 상품과 같은 존재이다. 이런 이유로 건축사는 자기가 어떤 디자인을 추구하는지를 어떤 방식으로든 공개하는 것은 의무이기도 하다. 건축전시회 등을 통해 건축사가 자기 작품을 소개하는 것이 스스로를 알리는 방법으로 유용할 것이다. 건축전시회를 통해서 건축주도 자기의 취향에 어울리는 건축사를 찾아볼 수 있을 것이다.

건축사를 선택함에 있어서 미적 취향에 공감하는 것보다 더 중요하게 여겨야 할 부분은 소위 말이 통해야 한다는 것이다. 말이 통한다는 것은 대화가 잘 된다는 의미이다. 일방적인 선언과 질문과 답을 주고받는 대화는 그 지향하는 바가 근본적으로 다르다.

좋은 집은 건축사의 취향이나 의뢰인의 판단만으로 일방적으로 이루어질 수 없다. 좋은 집을 디자인하기 위해서 반드시 필요한 것은 건축사의 훌륭한 철학과 일방적인 선언과 같은 것이 아니라 의뢰인과 건축사 간의 진솔한 대화이다.

선언은 지향하는 바와 답이 있지만 대화에서는 답을 미리 정해놓지 않는다는 점에서 큰 개념적 차이가 있다. 대화의 과정은 결론이 쉽게 도출되지 않아서 매우 지루할 수 있지만 적절한 대안이 나올 때까지 꾸준히 대화하는 것만큼 좋은 설계방법이 아직은 없다고 믿는다.

대화는 그 결론을 미리 지어놓고 하는 것이 아니다. 대화의 과정을 통해서 때로는 장식이 없는 현대적인 집이 되기도 하고 때로는 이런저런 장식이 붙은 고전적인 집이 되기도 한다. 때로는 아무도 예상치 못했던 결과가 나오기도 한다.

그래서 건축주는 아무리 훌륭한 건축사를 만나서 설계를 의뢰하였다고 해도 그냥 설계과정을 방치하면 안 될 것이다. 건축물의 설계를 건축사와 같이해 보시기를 권한다. 그냥 맡겨서도 안 될 일이고, 혼자만의 고집을 건축사에게 강요해서도 안 될 일이다. 정말 갖고 싶은 집에 대해서는 건축사와 꾸준히 대화해 보기 바란다. 사실 안타까운 일이지만 우리는 대화하는 문화에 익숙지 않다. 그래서 대화의 과정에서 주의해야 할 점을 미리 알고 있는 것이 좋겠다.

건축주와 건축사는 설계를 하는 동안 결코 자기주장을 양보할 수 없는 이유를 가지고 있다. 대화를 방해하는 그 이유의 정당성은 너무도 분명하고 확고한 것이어서 그 시시비비를 가리기도 쉽지 않다. 그 갈등의 배경에는 '소유권'과 '저작권'이라는 서로 간의 권리에 있다.

이 갈등의 본질에는 건축물의 형태와 공간을 구상하고 디자인한 것은 건축사이므로 이 건축물의 디자인에 대해서는 남이 함부로 손댈 수 없다는 '저작권'을 주장하는 건축사의 입장과 자기가 원하는 건축물을 디자인해 달라고 적절한 대가를 주고 일을 시킨 것이므로, 그 결과물이 마

음에 들지 않으면 얼마든지 고쳐 달라고 요구할 수 있다
는 '소유권'에 근거한 의뢰인의 주장이 있다. 두 입장은 제
각기 어느 정도 정당성을 가지고 있는 것이어서 대립상황
이 심각할 때에는 법적 다툼으로 가기도 한다. 물론 여기
서는 갈등의 법적인 해석이 어떻게 되는지를 따지려는 것
이 아니다. 이 문제는 아직은 법보다는 도덕적인 문제에
더 가깝다.

먼저 건축사의 저작권에 관한 입장을 생각해보자. 저
작권이라는 것은 창작물의 독창적인 부분을 그 작가의 고
유한 무형의 지적소유물이라는 권리를 인정하는 것이다.
제주도의 모 기업에서도 일본의 유명 건축사의 설계도면
이 공사하기가 매우 어렵다는 이유로 변경을 요구하였더
니, '변경하는 것은 좋지만, 그럴 경우에는 제가 설계한 작
품이라는 타이틀을 빼 주기 바랍니다'라는 답변을 듣고,
변경하지 못하고 그대로 진행했다는 이야기를 들었다.

건축사의 입장에서는 흐뭇한 미담으로 들릴 것이다. 하
지만 건축주의 입장에서는 공사비를 절감할 수 있는 방법
이 있는데도 원래의 디자인을 고수해야 한다는 설계자의
주장이 섭섭하게 들렸을 것이다. 주변에서 공사 중에 디

자인이 마음에 들지 않아서 바꾸려고 했더니 건축사가 반대해서 속상했다는 푸념을 심심찮게 듣게 된다. 그럴 때는 뒤통수로 이런 말이 들리는 듯하다. '당신이 그렇게 대단한 건축사야?' 하지만 건축사의 저작권을 존중해주기를 바라는 것은 그 건축사가 대단해서가 아니라 실제로 건축사의 권리이기 때문이다.

통상 음악과 미술 같은 순수 예술 분야에서는 이 저작권이라는 것이 중요하게 다루어지지만, 건축설계 분야에서는 아직 저작권이라는 것이 사회적으로 크게 문제 되지 않았던 게 사실이다. 하지만 건축사의 창작활동에 대한 의뢰인의 배려와 이해가 있어야 함은 분명하다.

한편 왜 허락 없이 디자인을 바꾸려고 하느냐는 건축
사의 항의가 건축주에게는 이상하게 들릴 것이다. 필자도
의뢰인으로부터 이런 항변을 들은 적이 있다. 의뢰인이 원
하는 디자인이 필자의 마음에 영 내키지 않는다고 하였더
니, '이게 잘 못 돼도 제가 잘못 한 거고 손해를 봐도 제가
손해를 보는데 건축사님이 왜 이렇게 하면 안 된다고 합
니까?'라고 하면서 화를 내는 것이었다. 맞는 말이다. 돈
이 들어도 의뢰인의 돈이 들 것이고 불편해도 의뢰인이
불편할 것이고 집이 무너져도 의뢰인이 피해를 볼 테니까.
이런 점 때문에 건축사가 의뢰인의 요구를 거부하는 것은
정당하지 않은 태도로 보이는 것이 당연하다. 하지만 건
축사가 의뢰인의 생각에 거부감을 보일 때는 그 이유를
잘 들어보기를 권한다. 좋은 건축물을 만들고 싶은 욕망
은 건축주 못지않게 건축사도 가지고 있다.

건축사가 자신의 디자인에 대해서 저작권을 주장한다
고 하면 그만큼 건축주의 건물에 애착을 가지고 있다는
것이다. 그런 건축사의 태도를 건축주에 대한 반감으로 여
기지 않길 바란다. 건축주의 집에 그런 애착을 가지고 설
계를 해 주었다면 그 태도를 존중해주어야 마땅하다. 건축

사의 작가로서의 권리를 보호해주는 것은 건축주를 위해서도 바람직한 일이다.

한편 건축주에게도 당연히 건축물에 대한 권리가 있다. 건축사의 설계를 통해서 얻어진 살림집은 엄연히 건축주의 소유이다. 등기를 통해서 보장되는 이 권리에 대해서 이의를 제기할 사람은 아무도 없다. 게다가 그 집을 평생 사용하여야 하는 이는 건축주이지 건축사가 아니다.

건축사는 엄밀하게 말하면 좋은 집을 설계해주는 사람이 아니라 좋은 집을 구상할 수 있도록 '도와주는' 사람이다. 아무리 애착을 가지고 설계를 한다고 해도 그 집에 대해서 제삼자인 것이다. 그래서 건축주는 설계에 적극적으

로 참여를 해야 하고 또 건축사로 하여금 그의 능력을 최대한 발휘할 수 있도록 독려해야 하는 것이다.

그러기 위해서는 의뢰인도 어느 정도 건축에 대한 관심과 지식을 가지고 있는 것이 좋다는 것이다. '알아서 다 해주세요'라고 하는 것은 건축사들이 좋아하는 의뢰인의 모습일지 모르지만 좋은 건축주의 태도는 아니다. 어차피 그 건축물에서 평생 살아가야 할 사람은 건축사가 아니라 의뢰인 자신이기 때문이다. 적절한 비유일지 모르나, 식당 주인은 좋은 요리사를 찾아서 주방장으로 쓰는 것도 중요하지만 주인 역시 어느 정도 요리를 할 수 있는 능력이 있어야 식당운영이 원활하게 유지될 수 있는 것과 비슷하다고 할까.

아무리 건축사가 좋은 집을 디자인하려고 애를 쓰고 있다는 것을 인정한다고 해도 결국 그 집에서 살아야 할 것은 자기 자신과 자신들의 가족이기 때문에 의뢰인 역시 자신의 바람을 포기할 수도 없고 당연히 그러지도 않을 것이다.

이제는 작가로서의 권리와 사용자로서의 권리 중에 무엇이 더 중요한지 물어보는 것이 의미 없음을 알 것이다.

왜냐하면, 그 권리를 주장하는 것은 이익을 위한 것이 아니라 공동의 작업을 완성하기 위한 욕심으로 주장하는 것이기 때문이다. 서로 의견이 상충될 때 서로의 생각을 이해시키지 못하고 상대방의 생각을 포기하도록 하는 것은 결코 좋은 해결책이 아니다. 좋은 집을 만드는 과정은 서로의 좋은 생각을 취해서 더 나은 결론으로 유도해나가는 노력이 필요하다. 건축사와 건축주는 서로의 권리를 포기하지 않도록 독려하고 최대한 자신의 권리를 사용하여 좋은 집이 되도록 노력하라고 격려함이 마땅하다.

최근에는 자신의 생각을 매우 구체적으로 그려오는 의뢰인을 자주 만나게 된다. 그리고 필자 역시도 그런 것을 그려보라고 요청하기도 한다. 그것은 의뢰인이 그리는 대로 도면화 해서 설계하겠다는 뜻이 아니라 건축주로 하여금 원하는 집의 그림이나 생각을 적어달라고 하는 것이 대화를 시작하기 위한 것이기 때문이다.

의뢰인들은 건축사를 만나기 전에 주로 인터넷을 통해서 자료를 수집하고는 한다. 그러면서 내민 인터넷 자료를 보고 건축사가 긍정적으로 답변하는 경우가 매우 드물다는 것을 이해하는 데에 많은 시간이 걸리지 않는다. 이를

테면 인터넷으로는 아이스크림의 형태는 알 수 있지만 그 맛을 먹어보지 않고 알 수 있는 방법은 없다. 아이스크림을 먹고는 '정말 맛있어요! 입에 살살 녹아요!' 하는 글들이 그 아이스크림 맛을 전해주지는 않는다. 먹지 않고는 알 수 없는 아이스크림의 맛처럼 건축공간을 정확히 이해하는 데에는 많은 직접적인 경험이 필요하다.

집은 결코 사진을 찍기 위한 배경으로 짓는 것이 아니다. 인터넷에서 찾을 수 있는 행복하고 아름다울 것 같은 집들의 모습에는 수많은 연출이 있으며 마치 아름다운 신혼의 모습처럼 준공 후 채 일 년도 안 된 사진의 경우가 대부분이다. 좋아 보이는 것은 너무나 많이 유포되는 반면 이면의 부정적인 것은 잘 노출되지 않는다는 것이 인터넷 자료의 함정이다.

집은 극히 개인적인 삶의 보금자리이며 그것은 누구에게나 적용되는 보편적인 정보로는 얻을 수 없는 것이다. 집을 지어서 내다 팔려고 하는 것이 아니라 본인과 가족이 살아갈 집을 원한다면 컴퓨터에게 좋은 집을 보여 달라고 요구하지 말고 건축사에게 도움을 청하기를 바란다. 그리고 스스로 설계해 보겠다고 다짐하기를 바란다. 스스로 설계하는 것이 어떤 의미인지 그리고 그것을 건축사가 도와준다는 것이 어떤 의미인지를 생각하면서 집을 구상하는 과정에 적극적으로 참여해 보기를 바란다.

02

좋은 집

좋은 집은 어떤 집일까? 많은 집을 설계해 보았지만 여전히 이 질문에 답을 하는 것은 쉽지 않다. 이 질문에는 단순히 집이라는 건물의 형태와 공간에 대한 대답만으로는 만족하기 어려운 많은 의미를 내포하고 있다. 보통 '누구네 집은 참 좋은 집이야'라고 말을 할 때 그 좋은 집은 사물로서의 집을 말하는 것이 아니라 그 가족의 행복지수를 평가해서 하는 말이다.

집을 설계하는 건축사의 마음에는 그런 행복함을 설계하고 싶다는 꿈이 들어있다. 물론 그것은 건축사의 영역을 벗어난 또 하나의 꿈일지도 모른다. 하지만 집을 설계하는 것이 꿈과 같은 것이라면 집을 설계하는 과정도 꿈을 꾸듯 즐거운 경험이 되었으면 좋겠다. 건축주에게 집을 구상하는 과정에 같이 해 보자고 하는 것도 그 꿈을 같이 즐겨보자는 것이다.

어떤 집을 좋은 집이라고 할 수 있을까? 좋은 집이라면 최소한 어떤 요건을 갖추고 있어야 할까? 선택할 수 있는 폭이 다양하고 넓음에도 불구하고 반드시 좋은 집이 되기 위해서는 포기해서는 안 되는 것이 있다면 무엇일까? 그러한 질문은 우리에게 집이 왜 필요할까 하는 근본적인 질문을 던지게 한다. 집을 구상하면서 이 질문에 대해 반복해서 자문하게 된다. 집을 지으려는 의뢰인에게도 자꾸 상기시켜보는 질문이기도 하다.

우리말에 초가삼간이라는 말이 있다. '초가삼간'이라는 것은 세 개의 칸으로 이루어진 단출한 집이라는 의미이다. 세 칸의 집은 [방-마루-부엌]이라는 공간구성을 기본으로 한다. 최근에 선호되는 아파트의 공간구성을 말할 때 '방 세 개 거실 하나'라는 구성이 매우 보편적인 모습으로 회자된다. 가족은 점점 핵가족이 되어서 조부모가 없이 부모와 자녀 둘 정도의 가정이 대부분임에도 불구하고 주거공간의 크기는 더욱 커졌고 방의 개수는 더 많이 요구된다.

주거공간의 크기가 더 커지고 방의 개수가 많아졌다는 것이 더 행복하고 단란한 가정이라는 증거가 된다고 하면 주거문제에 대한 해법은 간단하다. 하지만 어찌 된 일인지 주거공간의 크기와 편안하고 행복한 가정의 모습과는 별로 관련이 없어 보인다. 소위 고래 등 같은 집을 짓고 사는 부자라고 해도 가족 간 불화가 깊어 큰소리가 끊이지 않는 집이 있는가 하면 남의 집을 빌어 살면서도 매일같이 웃음이 끊이지 않는 화목한 가정도 있다. 그렇다면 집의 크기와 화려함은 좋은 집이 되기 위한 필수 조건은 아닌 듯하다.

제주도의 전통적인 살림집은 부모와 자식이 별동의 집에서 살림을 따로 하는 세대분가형 구조를 기본으로 한다.

혹자는 이렇게 부모와 자식 세대가 따로 살림하는 것을 두고 부모 자식 사이의 관계가 소원하다고 여기기도 한다. 하지만 이렇게 지어진 안팎거리집은 항상 마당을 사이에 두고 서로 마주 보게 배치를 한다. 그렇게 하는 것은 조망이나 채광보다도 가족 간의 긴밀한 관계를 유지하는 것이 중요하다는 것을 알기 때문이다.

꽤 오래전의 일이었다. 젊은 남녀가 찾아와서 몇 달 후에 결혼할 사이인데 신혼살림을 꾸릴 수 있는 집을 설계해 달라고 한 적이 있었다. 예전에 집을 구상하고 짓는 과정에서 사이좋던 부부가 심한 갈등에 빠지는 경우를 본 적이 있어서 순간 고민을 안 할 수가 없었다. 아직 부부가 아닌 경우에 집을 구상하다가 서로 생각이 달라서 서로 결혼을 못 하겠다고 한다면 어찌할지 걱정이 되는 것이었다.

솔직히 이 설계를 맡기가 매우 두렵다고 말하고 만약 내가 설계를 해야 한다면 설계하는 동안 절대로 서로 다투지 않겠다고 약속해 달라고 요구를 했다. 그 젊은 연인은 흔쾌히 그러겠다고 하였고 실제 집을 설계하는 과정에서 다행히 아무런 갈등 없이 잘 진행이 되어서 설계가 끝나고 안도의 숨을 쉰 기억이 난다.

그렇게 걱정을 할 수밖에 없는 것이 집을 구상하는 것은 제각기 자기가 원하는 가정의 모습을 그대로 드러내는 과정이기 때문이다. 당시 예비신부는 자신이 갖고 싶은 주방은 설거지를 하면서 거실의 TV를 볼 수 있는 구조였으면 좋겠다고 하였다. 그녀의 바람은 남편의 친구들이 집에 놀러 왔을 때 그들끼리만 담소를 나누고 자기는 설거지나 하면서 그들의 대화에 끼지 못하는 것이 매우 싫다는 것이었다.

만약에 남편의 경우에 남자들끼리의 대화에 부인이 이 말 저 말 참견을 하는 것이 싫다고 했다면 그때부터 설계는 난항을 겪었을 것이다. 다행히 이 점에 서로 동의를 하였고

설계는 순조롭게 진행할 수 있었다. 보통은 고집이 별로 없다고 하는 사람들도 이러한 삶의 방식에 대해서 의견이 안 맞을 때는 좀처럼 자신의 생각을 접지 못한다. 그래서 좋은 살림집의 설계가 어려운 것이다.

집을 구상하는 과정에서 한 번쯤은 좋은 가정이 어떤 모습인가를 진지하게 생각해보는 것도 의미가 있을 것이다. 그리고 집을 주제로 가족 간에 즐거운 대화를 나누어보는 것도 흥미롭고 의미가 있다. 집을 설계하면서 가족을 돌아보는 것도 좋은 경험이 될 것이다.

일전에 설계를 하는 후배에게서 집이라는 것은 어떻게 설계를 하든지 결국에는 그 주인을 닮아버리더라는 말을 들은 적이 있다. 맞는 말이다. 집은 건축사가 어떻게 디자인을 하든지 결국 그 주인을 닮게 마련이다. 처음에는 건축사의 손길이 느껴지던 디자인도 주인이 좋아하는 책과 가구와 그림으로 채워지고 집안에 애완동물이 돌아다니기 시작하면 금세 집은 주인의 색깔로 변해버린다. 건축사는 단지 처음에 약간의 밑그림을 그려주는 것뿐이고 그 그림을 완성시키는 것은 결국 주인인 셈이다.

좋은 집을 꿈꾸는 과정은 즐거운 경험이다. 누군가는

여행을 가는 것보다 여행을 준비하는 시간이 가장 즐겁다
고 하였다. 어쩌면 짓는 모든 과정에서 집을 구상하는 그
시간이 가장 즐거운 시간일지도 모른다. 건축사와 함께하
는 그 즐거운 여정을 놓치지 않기 바란다.

마치며

좋은 집을 설계하기 위해서 건축사와 건축주는 어떻게 고민을 하고 어떻게 협력해야 하는가를 생각해보았다. 어쩌면 너무도 당연한 상식을 늘어놓은 것에 불과할 수도 있지만 돌이켜보면 그러한 상식을 잘 지켜가면서 공간구상을 같이한다는 것이 쉬운 일만은 아니었다고 생각된다. 또 그렇게 잘 협력하고 노력하였음에도 불구하고 설계의 결과가 늘 흡족하였다고 자평하기도 어렵다.

우리에게 중요한 것은 집이라는 사물이 아니라 그 집 안에서 기대되는 삶의 모습이다. 집을 구상하는 설계과정 역시 삶의 일부이다. 그래서 더욱 그 과정은 중요하고 소중하다. 훌륭하고 아름다운 집이 되기 위해서 선택된 재료가 중요한 것이 아니라 그 재료를 선택하기 위한 건축사와 건축주의 성실한 대화의 과정 자체가 중요하다.

대부분은 상식으로 이해할 수 있는 내용이지만 어떤 부분에 있어서는 필자만의 개인적인 생각이어서 조심스럽다. 서두에서 밝혔듯이 이 글은 건축사나 건축학도를 위한 전문적인 글은 아니다. 집을 지으려고 준비하는 예비건축주들에게 이 짧은 글이 조금이라도 도움이 되기를 바라본다.

2023

양성필